Andreas Lutz/Joachim Rumohr

●

XING optimal nutz

Andreas Lutz/Joachim Rumohr

XING optimal nutzen

Geschäftspartner, Aufträge, Jobs - So zahlt sich Networking im Internet aus

Linde international

Bibliografische Information der Deutschen Bibliothek

Die Deutsche Bibliothek verzeichnet diese Publikation in der Deutschen Nationalbibliografie; detaillierte bibliografische Daten sind im Internet über http://dnb.ddb.de abrufbar.

Redaktion: Cornelia Rüping

ISBN 978-3-7093-0209-5

1210 Wien, Scheydgasse 24, Tel.: 0043/1/24 630

www.lindeverlag.at
Druck: Hans Jentzsch & Co. GmbH.
1210 Wien, Scheydgasse 31
N 1

Inhalt

Vorwort

XING.com ist die führende deutschsprachige Business-Networking-Plattform. Mehr als fünf Millionen Mitglieder, davon über zwei Millionen in Deutschland, Österreich und der Schweiz, haben sich über XING vernetzt. Jeden Tag kommen mehr als tausend neue Mitglieder hinzu. Die meisten Mitglieder nutzen das Potenzial der Networking-Plattform bisher nur zu einem kleinen Teil, dabei kann die Kontakt-, Kunden- und Jobsuche mit XING so einfach sein.

Dieses Buch zeigt Ihnen, wie Sie auf Geschäftspartner, Auftrag- und Arbeitgeber direkt und ohne Umwege zugehen und sogar erreichen können, dass sich diese von sich aus bei Ihnen melden. Wer bei XING über ein gutes Netzwerk verfügt, muss keine Kaltakquise mehr betreiben und keine Initiativbewerbungen versenden.

Egal ob Sie sich gerade überlegen, XING-Mitglied zu werden, oder ob Sie XING schon seit Jahren intensiv nutzen, Sie werden in diesem Buch jede Menge Ideen und Anregungen finden, wie Sie mit weniger Zeitaufwand und mehr Erfolg Ihr persönliches Netzwerk auf- und ausbauen. Wir erklären Ihnen dazu die gesamte Funktionalität von XING. Aber es geht uns nicht nur darum, wie etwas technisch funktioniert, sondern wir wollen das soziale und inhaltliche Know-how vermitteln, um das Beste aus den Funktionen herauszukitzeln. Wir verraten, wo sich Funktionen verstecken, die kaum jemand kennt, und stellen Tools vor, mit denen Sie die Nutzung von XING sehr viel effektiver gestalten können.

Entstanden ist das Buch aus den von uns gemeinsam bundesweit veranstalteten Workshops „XING optimal nutzen“. Es basiert auf den Fragen und Anregungen vieler hundert Seminarteilnehmer. Davon profitieren Sie als Leser dieses Buches: Sie erhalten praxisnahe, unmittelbar umsetzbare

Tipps und Antworten auf alle wichtigen Fragen, die sich Ihnen auf Ihrem Weg vom neuen Mitglied zum XING-Powernutzer stellen werden. Wir wünschen Ihnen viel Spaß beim (Neu-)Entdecken von XING.

München/Hamburg, im Oktober 2008
Andreas Lutz und Joachim Rumohr

1. Zehn Arten, von XING zu profitieren

Wozu lässt sich eine Networking-Plattform wie XING überhaupt gebrauchen? Worin besteht der konkrete Nutzen? Je nach Branche und beruflichem Status werden Sie XING auf ganz unterschiedliche Art einsetzen. Es gibt mehr als einen Weg, von der Plattform zu profitieren. Die zehn wichtigsten beschreiben wir im Folgenden.

XING als Kontaktdatenbank

Bisher waren Kontaktdaten auf Visitenkarten oder in Ihrer eigenen Adressverwaltung irgendwann veraltet. Nach einem Firmenwechsel stimmt auf einer Visitenkarte zum Beispiel oft nur noch der Name, alle anderen Daten sind unbrauchbar geworden. Haben Sie mit der betreffenden Person jedoch einen direkten Kontakt bei XING, müssen Sie Ihr Adressbuch nicht mehr pflegen, denn jedes aktive Mitglied hält seine Kontaktdaten selbst aktuell. Das ist besonders praktisch bei ehemaligen Arbeitskollegen oder Schul- und Studienfreunden, deren Kontaktdaten man meist nicht aktiv pflegt. Deshalb freuen sich viele neue Mitglieder ganz besonders darüber, bei XING alte Kontakte wiederzuentdecken und aktivieren zu können. Wenn Sie diese Gelegenheit nutzen, können Sie Ihr aktives Netzwerk mit geringem Aufwand deutlich ausbauen. Denn hier geht es um Menschen, die Sie schon lange kennen und zu denen grundsätzlich ein Vertrauensverhältnis besteht.

Machen Sie sich ein Bild von Ihrem Gesprächspartner

Wenn Sie mit einem neuen Kunden, Geschäftspartner oder Kollegen telefonieren, dann fragen Sie ihn doch, ob er ein Profil bei XING eingerichtet hat. So können Sie sich gleich im wahrsten Sinne des Wortes ein Bild von ihm machen. Auch wenn Sie mit einem bereits bestätigten Kontakt telefonieren, ist es hilfreich, sein Profil aufzurufen. Dort finden Sie sicherlich gemeinsame Interessen und Gesprächsthemen, mit deren Hilfe Sie den Kontakt vertiefen können. Sie können auch nachschauen, ob Sie gemeinsame Kontakte haben, und sich kurz darüber unterhalten, woher Sie diese Personen kennen.

Fügen Sie neue Gesprächspartner gleich als eigene Kontakte hinzu und bitten Sie sie, den Kontakt zu bestätigen und die Daten freizugeben. Auf diese Weise ersparen sich beide Seiten den umständlichen Austausch per E-Mail oder am Telefon. Stattdessen können Sie die Daten direkt aus XING als vCard in *Outlook* oder andere Kontaktverwaltungen übernehmen oder sogar mit Ihrem Handy synchronisieren.

Tipp: Übernehmen Sie auch das Bild des Gesprächspartners aus XING nach *Outlook*. Falls dies nicht automatisch erfolgt, können Sie die Bilddatei auf Ihrem Computer zwischenspeichern und dann durch Anklicken des dafür vorgesehenen Feldes in die *Outlook*-Karteikarte einspielen. Künftig erscheint das Porträt des Gesprächspartners bei neueren Programmversionen im Kopfbereich aller E-Mails, die Sie von ihm erhalten. So haben Sie immer das Bild Ihres Geschäftspartners vor Augen und erinnern sich sehr viel besser an ihn.

XING erleichtert die Kontaktpflege

Viel Zeit fließt in den Aufbau neuer Kontakte, und vielversprechende bestehende Kontakte werden aus Zeitgründen allzu oft vernachlässigt. Aber nur, wenn Sie den Kontakt regelmäßig erneuern, können Sie ohne schlechtes Gewissen auch einmal um einen Gefallen bitten. XING hilft bei der Kontaktpflege, indem es Sie an die Geburtstage Ihrer direkten Kontakte erinnert, und informiert Sie, wenn einer Ihrer Bekannten die Stelle wechselt oder befördert wird. Zudem macht es Ihnen die Weitergabe interessanter Stellenangebote ganz leicht, ebenso das Empfehlen eines Kontakts an ein anderes Netzwerkmitglied. All diese Funktionen bieten Gelegenheiten, dem Gesprächspartner einen kleinen Gefallen zu tun oder ihm eine Freude zu bereiten. Auch Veränderungen in den Feldern „Ich suche“ und „Ich biete“ werden Ihnen angezeigt, sodass Sie schnell mit einem Tipp oder Angebot darauf reagieren können. Sie können erfahren, welche Termine Ihre Kontakte zugesagt haben, und sie eventuell dort treffen. Richtig genutzt, helfen Ihnen diese und weitere Benachrichtigungen dabei, den Kontakt auf unaufdringliche Weise zu pflegen.

Finden Sie potenzielle neue Geschäftskontakte

Bei XING finden sich enorm viele potenzielle Geschäftskunden, denn die Plattform richtet sich vor allem an Menschen, die mitten im Berufsleben stehen, insbesondere Unternehmer und Freiberufler, Angestellte und Führungskräfte, Stellenanbieter und -suchende. Sie müssen nur die für Sie richtigen Kontakte finden: Sie können gezielt nach Mitgliedern in Ihrer Branche oder Region suchen oder die Suche mit vielen weiteren Kriterien einschränken. Den gefundenen Suchraster können Sie dann speichern und sich täglich oder wöchentlich automatisch über jedes neue Mitglied informieren lassen, das ihm entspricht. Wenn Sie die Suche gekonnt eingrenzen und die resultierenden Kontakte gezielt anschreiben, können Sie Ihr Netzwerk systematisch um potenzielle neue Geschäftskontakte erweitern.

Umschiffen Sie Gatekeeper

Über die Telefonzentrale ist es oft schwer, den richtigen Ansprechpartner herauszufinden, geschweige denn, verbunden zu werden. Über XING können Sie direkt den zuständigen Mitarbeiter ermitteln und bei ihm anrufen. Oder Sie finden einen Mitarbeiter in der Zielfirma und lassen sich von ihm an den gewünschten Ansprechpartner weiterempfehlen. Mithilfe von XING können Sie leicht herausfinden, ob einer Ihrer Kontakte so jemanden kennt. Auf diese Weise sparen Sie viel Zeit und rufen nicht als völlig Fremder an. Zumindest die Mitgliedschaft bei XING haben Sie als Gemeinsamkeit. Der Kontaktpartner benötigt vielleicht gerade jetzt Ihre Hilfe und schätzt sicherlich, dass er sich bei gemeinsamen Bekannten über Sie erkundigen kann.

Zusammenarbeit über Städte- und Ländergrenzen hinweg

XING hat Mitglieder in mehr als 200 Ländern und wird in 16 Sprachen angeboten. Deshalb finden Sie über die Plattform auch in anderen Städten sowie im Ausland schnell Kooperationspartner sowie private Kontakte. Prüfen Sie vor Geschäftsreisen, welche Personen Sie bei einer solchen Gelegenheit persönlich kennenlernen wollen, und vereinbaren Sie einen oder mehrere zusätzliche Termine.

Einladungsmanagement leichtgemacht

Die Funktionen für das Einladungsmanagement vereinfachen die Organisation von Veranstaltungen. Das beste Beispiel sind die in allen größeren Städten stattfindenden XING-Regionaltreffen, die oft von hunderten oder sogar tausenden Teilnehmern besucht werden und eine hervorragende Gelegenheit bieten, andere Mitglieder persönlich kennenzulernen. Die komplette Abwicklung der Einladungen sowie das Führen der Teilnehmerliste erfolgt über XING. Auch Sie können ohne weitere Kosten diese mächtige Terminfunktionalität nutzen, um Ihre Seminare und Events bekanntzumachen und organisatorisch zu bewältigen.

Marketing mit Erlaubnis

Wer Ihrer Kontaktaufnahme bei XING zustimmt oder einer von Ihnen moderierten Gruppe beitritt, erlaubt Ihnen Marketing in eigener Sache: Mitglieder dürfen ihre Kontakte gezielt zu Veranstaltungen anschreiben, Gruppenmoderatoren können zusätzlich zu Einladungen auch Newsletter an alle Mitglieder oder gezielt an bestimmte Teilzielgruppen versenden. XING-Gruppen sind nicht einfach nur Diskussionsforen zu einem bestimmten Thema, sondern stellen eigene Netzwerke (innerhalb des großen XING-Netzwerks) mit Mitgliederliste, einem oder mehreren Moderatoren und häufig sogar regelmäßigen Treffen dar.

In einer Welt, in der herkömmliches Marketing kaum noch funktioniert, weil die Menschen gegen Werbung resistent geworden sind, kommt der Erlaubnis, andere gezielt über bestimmte Themen und Veranstaltungen informieren zu dürfen, besondere Bedeutung zu. Machen Sie davon sparsam Gebrauch, denn es handelt sich dabei um ein Privileg, das Ihnen von Ihren Kontakten bei XING auch schnell wieder entzogen werden kann, wenn Sie deren Vertrauen enttäuschen.

Achten Sie daher bei Termineinladungen beispielsweise darauf, dass die eingeladenen Personen in der Nähe des Veranstaltungsorts wohnen und sich für das Thema grundsätzlich interessieren. Fragen Sie besser nach, wenn Sie sich nicht sicher sind, und laden Sie nicht einfach alle Ihre Kontakte zu jedem Ihrer Termine ein.

Experten finden und Wissensaustausch betreiben

Gruppen eignen sich hervorragend, wenn Sie sich schnell über ein Thema informieren und Experten ausfindig machen wollen. Viele Mitglieder nutzen die Profil- und Gruppensuche, um gezielt Dienstleister und Produktanbieter mit speziellem Know-how zu finden. Sie schätzen die Möglichkeit, vorbei an Hotlines, Callcentern und Vertriebsmitarbeitern direkt mit dem richtigen Ansprechpartner zu kommunizieren. Wenn Sie sich mithilfe von schnellen Reaktionen auf Nachrichten sowie durch hilfreiche Beiträge in Gruppen als Experte positionieren oder sogar eine eigene Fachgruppe moderieren, resultieren daraus in nicht wenigen Fällen konkrete geschäftliche Kontakte.

Selbstmarketing: Machen Sie sich zur Marke

Wer sich bei XING aussagekräftig präsentiert, gute eigene Kontakte und über diese auch viele interessante mittelbare Kontakte entwickelt, schafft damit Vertrauen in seine Person. Durch das gegenseitige Kennen und Anerkennen entsteht soziales Kapital. Das ist besonders wichtig bei der Stellensuche – der künftige Arbeitgeber kann sich ganz gezielt über den neuen Mitarbeiter informieren, auch indem er gemeinsame Bekannte befragt. Je höher die Position, um die es geht, desto wichtiger ist der Faktor Vertrauen. Gleiches gilt für die Beauftragung aller Arten von Leistungen, die nicht im Vorhinein exakt zu vereinbaren sind. Und weil Vertrauen für sie so wichtig ist, schätzen auch Journalisten und andere Multiplikatoren XING. Sie können hier schnell die richtigen Gesprächspartner finden und deren Reputation überprüfen.

2. Die häufigsten Fragen zu XING

Es gibt einige Fragen, die in Bezug auf die Nutzung von XING immer wieder gestellt werden. Auf den folgenden Seiten finden Sie Antworten auf Fragen wie „Kann ich XING ohne Premium-Mitgliedschaft nutzen?“, „Sind meine persönlichen Kontaktdaten für jeden sichtbar?“, „Was bedeutet ‚bestätigter Kontakt‘?“ oder „Wie reagiere ich auf Kontaktanfragen von Unbekannten?“.

Kann ich XING ohne Premium-Mitgliedschaft nutzen?

Den überwiegenden Teil der Funktionen bei XING können Sie als Basismitglied ohne Einschränkungen nutzen. Allerdings steht eine effektive Suche nur Premium-Mitgliedern offen, da viele Suchoptionen für Basismitglieder gesperrt sind. Auch die verschiedenen Powersuchen, zum Beispiel die wichtige Liste der letzten Besucher des eigenen Profils, können Basismitglieder nicht aufrufen.

Zusätzlich ist die Kontaktaufnahme erschwert, denn es können keine Nachrichten an andere Mitglieder verschickt werden. Dies lässt sich jedoch umgehen, indem ein Basismitglied zum Beispiel in das Gästebuch des betreffenden Kontakts schreibt oder man sucht im Profil nach einem Eintrag zur Firmen-Homepage und findet dort die entsprechenden Angaben.

Wie wird XING ausgesprochen, und warum wurde openBC zu XING?

Für die Aussprache von XING gibt es mehrere Varianten, zum Beispiel „Sing“, „Crossing“, „Tsching“ oder auch „X ing“. In der XING AG selbst spricht man den Namen „Ksing“ aus.

Die Namensänderung von openBC zu XING im Jahr 2006 war vor allem aufgrund der verstärkten Internationalisierung der Networking-Plattform nötig. Von einigen Nutzern, vor allem in den englischsprachigen Ländern, wurde das Wort „open“ als Übersetzung für „offen“ oder „unsicher“ interpretiert und das Kürzel „BC“, das eigentlich „Business Club“ bedeutet, als „before Christ“ missverstanden. Diese Kombination war natürlich in keiner Weise als Name für ein Businessnetzwerk geeignet.

Vermutungen, dass der Name „XING“ zur Eroberung des chinesischen Marktes gewählt wurde, sind falsch. Das Wort „XING“ hat im Chinesischen dutzende von Bedeutungen und ist außerdem ein gebräuchlicher Familienname – so wie in Deutschland Huber oder Müller.

Sind meine persönlichen Kontaktdaten für jeden sichtbar?

Viele Internetnutzer zögern aus Gründen des Datenschutzes, sich bei Networking-Plattformen wie XING zu registrieren. Sie befürchten, dass jeder die eigenen Daten sehen und eventuell missbrauchen könnte, denn schließlich erscheinen sie ja alle auf der eigenen Profilseite. Diese Sorge ist aber unbegründet.

Über die Funktion „Profilvorschau anzeigen“ in Ihrem Profil können Sie erkennen, welche Daten andere XING-Mitglieder von Ihnen angezeigt bekommen. Um zu sehen, wie Ihr eigenes Profil erscheint, wenn es Außenstehende (also Nichtmitglieder) aufrufen, gibt es einen Trick: Rufen Sie Ihre Profilseite auf und speichern Sie deren Webadresse. Am besten legen Sie gleich ein Lesezeichen (Favorit) in Ihrem Browser an. Die Adresse ist nach dem Schema https://www.xing.com/profile/vorname_zuname aufgebaut. Wenn Sie nicht das erste XING-Mitglied unter diesem Vor- und Zunamen sind, dann folgt zusätzlich eine Zahl. Loggen Sie sich jetzt bei XING aus und rufen Sie Ihre Profilseite nochmals auf. Sie werden sehen, dass Ihr Profil, wie es Außenstehenden angezeigt wird, keine persönlichen Informationen oder Kontaktdaten enthält. Viele Felder sind sogar ganz ausgeblendet oder zeigen eine verkürzte Darstellung. Es gibt also nicht nur eine Profilseite, sondern viele verschiedene – was angezeigt wird, hängt jeweils vom Betrachter ab. Voraussetzung, dass Ihr Profil von außerhalb überhaupt aufgerufen werden kann, ist jedoch, dass Sie diesen Aufruf in den Einstellungen zur Privatsphäre erlaubt haben.

Wenn Sie sich nun wieder bei XING einloggen und Ihr Profil auf dem üblichen Weg aufrufen, sehen Sie, dass einige der Daten mit einem kleinen Schloss versehen sind. Diese Angaben müssen Sie individuell für jeden Kontakt freigeben. Betroffen sind unter anderem Ihre Adressdaten, Telefonnummern und E-Mail-Adressen. Geben Sie sie nicht frei, sind diese Daten für Dritte nicht einsehbar.

Was bedeutet „bestätigter Kontakt“?

Ein Kontakt innerhalb eines Netzwerks wird üblicherweise durch eine Verbindungslinie mit Pfeilen in beide Richtungen visualisiert. Die Pfeile bringen zum Ausdruck, dass beide Personen sich gegenseitig kennen. Ganz ähnlich ist es bei XING: Wenn Sie ein Mitglied als Kontakt hinzufügen und der andere bestätigt dies, entsteht auf freiwilliger Basis eine Verbindung zwischen Ihnen, ein „bestätigter Kontakt“.

Für Ihr Networking sind Verbindungen und Kontakte sehr wichtig. Bei einem großen Netzwerk haben Sie zum Beispiel die Möglichkeit, Kontakte einander vorzustellen, die davon gegenseitig profitieren könnten. Oder Sie selbst werden in Ihrem Netzwerk von Ihren Netzwerkpartnern weiterempfohlen und anderen vorgestellt. Das ist aber nur dann sinnvoll und hilfreich, wenn sich die Personen in einem Netzwerk untereinander zumindest so gut kennen, dass sie überhaupt beurteilen können, wen sie jeweils welcher Person vorstellen wollen. Daher gilt: Um ein funktionierendes und gutes Netzwerk aufzubauen, sollten Sie Kontaktanfragen im Allgemeinen erst dann bestätigen, nachdem Sie sich mit dem anderen mehrfach ausgetauscht haben. Das kann online per XING-Nachrichten oder persönlich zum Beispiel bei einem Networking-Treffen geschehen.

Mit dem Bestätigen des Kontakts wird dann dem System von XING übermittelt, dass sich die beiden beteiligten Mitglieder kennen. Dadurch entstehen die sogenannten Kontaktpfade, andere Mitglieder können diese Verbindung von diesem Zeitpunkt an sehen. Die Bestätigung eines Kontakts ist auch Voraussetzung dafür, andere Mitglieder zu Terminen einladen zu können. Sie bieten zum Beispiel regelmäßig Seminare oder andere interessante Veranstaltungen an und veröffentlichen Ihre Angebote bei XING? Dann wird es sicher Mitglieder geben, die dazu regelmäßig eingeladen werden möchten.

Tipp
Kategorisieren Sie Ihre Kontakte

Auf XING ist es ganz einfach, neue Kontakte zu schließen. Damit Sie nicht die Übersicht verlieren, sollten Sie Ihre Kontakte – am besten von Anfang an – mit Tags (Schlagwörter, wörtlich: „Etiketten") kategorisieren. Kennzeichnen Sie damit zum Beispiel die Personen aus Ihrer Kontaktliste, die Sie gerne zu bestimmten Anlässen einladen wollen. Das erleichtert Ihnen die Auswahl der Empfänger. Weitere Informationen dazu finden Sie in Kapitel „6. Adressbuch: Wie Sie Ihre Kontakte verwalten".

Wie reagiere ich auf Kontaktanfragen von Unbekannten?

Es stehen verschiedene Möglichkeiten offen, wie Sie mit Kontaktanfragen umgehen können. Der schnellste Weg ist natürlich, eine Anfrage einfach nur zu bestätigen. Dies ist immer dann unproblematisch, wenn Sie die betreffende Person bereits kennen.

Schwieriger ist die Situation, wenn ein Ihnen vollkommen unbekanntes Mitglied auf Sie zukommt. Dafür sollten Sie sich eine feste Strategie zurechtlegen, denn andernfalls müssen Sie bei jeder Anfrage aufs Neue überlegen, wie Sie reagieren wollen. Eine klare Haltung lässt sich auch besser kommunizieren, als wenn Sie in einem Fall zu nachgiebig sind, in einem anderen zu streng.

Selbstverständlich kommt es in erster Linie auf den Inhalt der Kontaktanfrage an. Bezieht sich der Absender auf Ihr Profil und meldet einen direkten Bedarf an Ihrem Angebot an, dann bestätigen Sie den Kontakt direkt und melden sich auch kurzfristig bei ihm, indem Sie ihn zum Beispiel anrufen oder seine Fragen beantworten und ihn um Freigabe seiner Kontaktdaten bitten.

Es kommt jedoch auch vor, dass eine Kontaktanfrage eher schwammig formuliert wurde und vage von „Vorteilen für beide Seiten" und einer „Win-Win-Situation nach Kontaktbestätigung" die Rede ist. Fragen Sie in einem solchen Fall erst mal in einer Nachricht nach, wo denn die Vorteile für beide Seiten genau liegen und wie die Win-Win-Situation aussieht. In einigen Fällen werden Sie auf Ihre Fragen nach den Details keine Antwort bekommen, dann haben Sie es wahrscheinlich mit sogenannten Kontaktsammlern zu tun. Diese Personen haben gar keine Zeit und Lust, sich mit derartigen Nachfragen zu beschäftigen. In anderen Fällen wiederum kann Ihre Nachricht durchaus zu einem Dialog führen. Dabei haben Sie die Chance, den anderen kennenzulernen, und vielleicht wollen Sie den Kontakt anschließend vertiefen und ausbauen. Die Bestätigung des Kontakts ist dann irgendwann ein logischer Schritt, wenn es sich um einen für Sie wertvollen Austausch handelt.

Sie können sich auch vornehmen, die Kontaktanfragen von Mitgliedern nur zu bestätigen, wenn Sie sie mindestens zweimal persönlich getroffen haben. Teilen Sie dem Anfragenden das dann entsprechend mit und fordern Sie ihn auf, zu einem der nächsten offiziellen XING-Treffen zu kommen. Dort können Sie sich auf neutralem Boden und ohne Verpflichtungen kennenlernen. Sind Sie sich sympathisch und finden Gemeinsamkeiten, treffen Sie sich zu einem weiteren persönlichen Gespräch. Erst dann wird der Kontakt bestätigt. Von einer Kontaktbestätigung ohne jeden vorherigen Informationsaustausch sollten Sie generell absehen. Lehnen Sie durchaus auch Kontaktanfragen ab, wenn Ihnen dies richtig erscheint. Der andere wird darüber nicht automatisch informiert.

Wann sollte ich selbst einen Kontakt hinzufügen?

Nehmen Sie auf jeden Fall ehemalige oder aktuelle Kollegen, alte Schulfreunde, bestehende Geschäftspartner oder andere Menschen, die Sie bereits aus dem realen Leben kennen, in Ihr eigenes Netzwerk auf. Nicht zuletzt, weil man über XING auf einfachem Weg in Kontakt bleiben kann. Wechselt ein Geschäftspartner zum Beispiel die Firma, ohne Ihnen die neuen Kontaktdaten zu übermitteln, können Sie über XING trotzdem mit ihm in Verbindung bleiben.

Bei Menschen, die Sie noch nicht kennen, überlegen Sie zunächst, warum Sie sie zu Ihrer Kontaktliste hinzufügen wollen, und geben Sie diese Gründe in Ihrer Kontaktanfrage an. Oft ist es sinnvoll, zuerst einmal eine persönliche Nachricht an das betreffende Mitglied zu schreiben und damit den Kontakt aufzubauen. Wenn beide Seiten einverstanden sind, wird dieser dann später bestätigt.

Tipp

Kontaktaufnahme für Basismitglieder

Gehören Sie zu den XING-Mitgliedern, die den Dienst kostenlos nutzen? Vielleicht konnten Sie zunächst einen Monat lang kostenlos die Premium-Mitgliedschaft testen und gelten jetzt wieder als „Basismitglied". Als solches können Sie die Funktion „Nachricht schreiben" nicht nutzen. Neben der direkten Kontaktanfrage und einem Eintrag in das Gästebuch gibt es noch eine weitere Alternative, nämlich eine E-Mail an die betreffende Person. Zwar ist die E-Mail-Adresse der meisten Mitglieder standardmäßig nicht freigegeben, doch Sie können sie herausfinden: Schauen Sie im Profil nach, ob eine Firmen-Homepage angegeben ist. Hier finden Sie gerade bei Freiberuflern und Selbständigen in der Regel auch die E-Mail-Adresse und können so direkt Kontakt aufnehmen.

Überlegen Sie genau, warum Sie einen Kontakt hinzufügen wollen. Welche Erwartungen haben Sie? Was können Sie für den anderen und der andere vielleicht für Sie tun? Formulieren Sie das alles in Ihrer Kontaktanfrage so klar wie möglich. Wenn feststeht, dass Sie und der andere Beteiligte etwas füreinander tun können und zwischen ihnen ein weiterer Austausch stattfinden wird, wird der andere den Kontakt bestätigen. Denn er hat die Gelegenheit bekommen, Ihre Anfrage zu hinterfragen, und weiß nun, ob er die Verbindung bestätigen will. Übrigens können Sie Ihre Kontaktdaten gegenüber einem Mitglied auch freigeben, ohne dass die- oder derjenige ein bestätigter Kontakt ist.

Kann ich Kontakte auch wieder löschen?

Gerade am Anfang, wenn man neu bei XING ist, kommt es vor, dass man erst einmal jede Anfrage bestätigt und auch viele „nette" Nachrichten eintreffen. Häufig entpuppen sich diese Kontakte später als Karteileichen, und man würde sie am liebsten wieder loswerden. Nur wie? Darf man sie einfach löschen?

In der Liste der bestätigten Kontakte (im Menü „Adressbuch" unter „Bestätigte Kontakte") findet sich genau diese Funktion, und es ist in der Tat sinnvoll, Kontakte wieder zu entfernen, bei denen außer der Bestätigung nichts weiter passiert ist und kein weiterer Informationsaustausch stattgefunden hat. Wenn Sie einen Kontakt löschen (mit dem kleinen orangenen Symbol mit Minuszeichen), erscheint noch die Abfrage, ob Sie den betreffenden Kontakt wirklich löschen wollen und ob Sie eine Nachricht dazu schreiben möchten. Aus Gründen der Höflichkeit empfiehlt es sich, einen kurzen Kommentar zu versenden. Bewährt haben sich Formulierungen wie diese:

Guten Tag,

ich habe kürzlich meine Kontaktliste überprüft und dabei festgestellt, dass unser Kontakt nie richtig zustande gekommen ist. Aus diesem Grund habe ich mich entschieden, unseren Kontakt wieder zu löschen. Sollten Sie dennoch an einem engeren Kontakt interessiert sein, freue ich mich auf Ihre konkrete Anfrage.

Mit freundlichen Grüßen

Wenn Sie keine Nachricht verfassen, erhält der Kontakt keinen Hinweis darüber, dass Sie ihn entfernt haben. Er wird Sie auch nicht in seiner Liste der „unbestätigten Kontakte“ im Adressbuch finden.

Kontakte, mit denen Sie einmal zu tun hatten, mit denen aber längere Zeit kein Austausch mehr stattgefunden hat, sollten Sie in Ihrer Liste behalten. Vielleicht ergibt sich doch nochmal eine Gelegenheit, den an und für sich interessanten Kontakt zukünftig zu reaktivieren. Durch die Verknüpfung via XING erfahren Sie, wenn solche entfernten Bekannten zum Beispiel ihre Position oder ihre Firma wechseln. Auch stehen sie Ihrem Netzwerk weiter mittelbar zur Verfügung. Löschen Sie nur diejenigen Kontakte, mit denen niemals ein echter Austausch stattgefunden hat, aber räumen Sie nicht unüberlegt auf. Ein alter Kontakt kann manchmal ganz plötzlich sehr wichtig werden.

Wie wahre ich meine Privatsphäre?

Sie wollen nicht von jedem Mitglied kontaktiert oder angerufen werden? Sie möchten, dass niemand Ihre Kontaktliste sehen kann und Ihr Profil auf keinen Fall von Außenstehenden bei *Google* zu finden ist?

Das alles können Sie selbst bestimmen. Einerseits sind – wie bereits erwähnt – Ihre Daten grundsätzlich nur für die Kontakte einzusehen, denen Sie eine entsprechende Freigabe erteilt haben. Andererseits stehen bei XING einige Funktionen zur Verfügung, mit denen Sie generell bestimmen, welche Angaben wo sichtbar sind. Das bedeutet, dass Sie alle Daten zunächst ohne Bedenken eintragen können, denn Sie bestimmen ja ganz genau, wer überhaupt Zugriff darauf erhält. Wenn Sie große Sorge wegen unerwünschter Anrufe haben, dann achten Sie darauf, dass Sie bei den Firmendaten (Bereich Berufserfahrung) die Firmen-Homepage nur in dem Fall eintragen, dass darauf keine direkten Kontaktdaten von Ihnen zu finden sind.

Wichtige Einstellungen können Sie auf der Startseite unter „Einstellungen“, „Meine Privatsphäre“ vornehmen. Hier können Sie unter anderem den Aufruf und die Auffindbarkeit Ihres Profils außerhalb von XING deaktivieren, Ihre direkten Kontakte unsichtbar machen und bestimmen, ob alle Mitglieder Ihnen Nachrichten übermitteln und Gästebucheinträge hinterlassen dürfen. Außerdem lässt sich hier die Sichtbarkeit Ihrer Gruppenmitgliedschaften abstellen, und Sie können darüber hinaus entscheiden, ob

Ihre Artikel in öffentlichen Gruppen auch außerhalb von XING angezeigt werden. Ausführliche Hinweise zu diesen Einstellungen finden Sie in dem Kapitel „3. Fliegender Start: Erste Einstellungen und ein überzeugendes XING-Profil“.

Warum sind die Kontakte meiner Kontakte so wichtig?

XING errechnet für Sie die Größe Ihres Netzwerks und zeigt sie auf Ihrer persönlichen Startseite in Form von drei Kennzahlen an: Neben der Zahl Ihrer direkten Kontakte erfahren Sie auch die Zahl der Kontakte zweiten und dritten Grades. Besonders interessant sind die Kontakte zweiter Ordnung. Diese Zahl sagt aus, wie viele Mitglieder es im XING-Netzwerk gibt, die jemanden kennen, den Sie auch als Kontakt haben. Erahnen Sie das Potenzial, das sich hinter diesen Kontakten zweiten Grades verbirgt? Mit diesen Mitgliedern können Sie viel leichter Kontakt aufnehmen, als wenn Sie das mittels Kaltakquise tun würden, also der Akquisition bei einem vollkommen unbekannten Kontakt.

Doch schauen Sie sich zur Verdeutlichung zunächst einmal an, wie Ihr Kontaktnetzwerk und die Verbindung zu den Kontakten Ihrer Kontakte ohne XING aussehen. Sie (in der Grafik links dargestellt) kennen eine Reihe von Menschen, die wissen, welche Dienstleistung oder Produkte Sie Ihren Kunden anbieten.

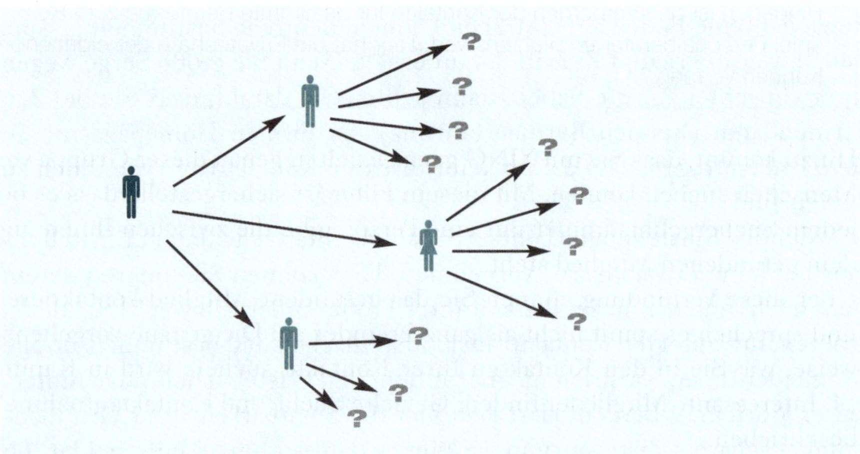

Jeder dieser direkten Kontakte kennt wiederum im Schnitt 100 andere Menschen. Leider wissen Sie nicht, wer das im Einzelnen ist. Normalerweise setzt man sich nicht gemeinsam hin und schaut in den Adressbüchern des anderen nach gemeinsamen Bekannten. Möglicherweise passiert das mal mit einem ganz guten Freund, doch ganz sicher nicht mit einem durchschnittlichen Kontakt.

Wir alle vertrauen vielmehr darauf, dass wir vom anderen schon weiterempfohlen werden. Doch das wird immer nur dann geschehen, wenn zufällig über Ihre Ware oder Dienstleistung gesprochen wird. Dann erinnert sich Ihr Kontakt vielleicht wieder an Sie und spricht gegebenenfalls eine Empfehlung aus. Nutzen Sie dagegen zur Pflege und zum Aufbau Ihres Netzwerks XING, dann sind die Kontakte Ihrer Kontakte für Sie ohne Rückfragen sofort sichtbar.

Gut zu wissen

Zur Sichtbarkeit der eigenen Kontakte

Die Offenlegung der eigenen Kontakte kann, wie schon beschrieben, in den Einstellungen zur Privatsphäre deaktiviert werden. Die Standardeinstellung für neue Mitglieder besteht aber darin, dass im Sinn des Networkings alle Kontakte gezeigt werden. Dabei lassen es die meisten Mitglieder auch. Das ist eine sinnvolle Strategie, denn auf diese Weise können alle von den Kontakten der jeweils anderen profitieren.
Hingegen ist das Verbergen der Kontakte für bestimmte Berufe wie zum Beispiel Personalberater empfehlenswert. Hier hat die Privatsphäre der eigenen Kunden Vorrang.

Hinzu kommt, dass Sie mit XING ganz gezielt in genau dieser Gruppe von Menschen suchen können. Mit diesem Filter ist sichergestellt, dass es bei jedem Suchergebnis immer nur eine Person gibt, die zwischen Ihnen und dem gefundenen Mitglied steht.
Über diese Verbindung können Sie das gefundene Mitglied kontaktieren und sprechen es somit nicht als ganz Fremder an. Die genaue Vorgehensweise, wie Sie in den Kontakten Ihrer Kontakte suchen, wird in Kapitel „4. Interessante Mitglieder finden: Gezielte Suche und Kontaktaufnahme" beschrieben.

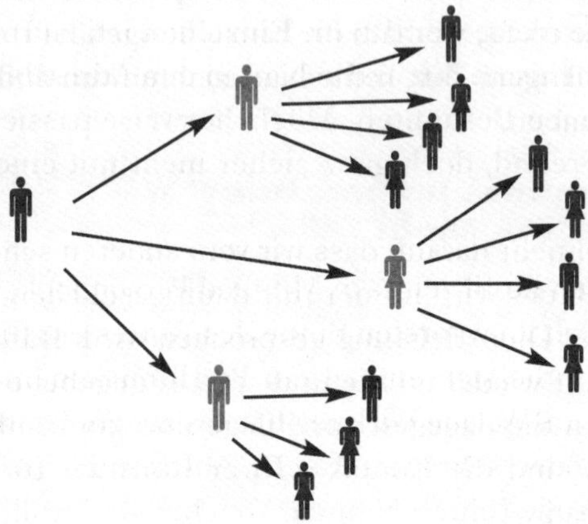

Wie Sie die zehn dümmsten Fehler bei XING vermeiden

Es gibt einige Dinge, die Sie während Ihrer Aktivität bei XING in jedem Fall vermeiden sollten. Die folgende Liste erhebt allerdings keinen Anspruch auf Vollständigkeit, sondern stellt zehn typische Fallen dar.

Neue Kontakte suchen und Nachrichteneingang sperren

Standardmäßig darf Ihnen jedes andere XING-Mitglied Nachrichten senden. In den Einstellungen zur Privatsphäre können Sie dies mit der Option „Private Nachrichten und Gästebucheinträge schreiben dürfen …" auf direkte oder mittelbare Kontakte einschränken. Das Wort „privat" wird hier von einigen Mitgliedern leider falsch interpretiert. Es handelt sich in diesem Zusammenhang nicht um die Unterscheidung zwischen beruflichen und privaten Nachrichten. Mit „privaten Nachrichten" sind hier einfach solche Nachrichten gemeint, die über das XING-interne Mailsystem verschickt werden – im Gegensatz zu „öffentlichen Nachrichten", die in den Gruppen ausgetauscht werden.

Eine auf diesem Missverständnis beruhende falsche Einstellung kann dazu führen, dass ein Mitglied, das laut Profil Kontakte sucht, keine Nachricht via XING empfangen kann. Beim Absender erscheint dann eine entsprechende Meldung. Dies löst möglicherweise Ärger bei ihm aus, zum Beispiel wenn der Betreffende zuvor andere Mitglieder angeschrieben und um

Hilfe gebeten hat, deren Antworten nun aber völlig unnütz sind, weil sie gar nicht ankommen. Prüfen Sie deshalb die Einstellungen zu Ihrer Privatsphäre, wenn Sie schon längere Zeit keine Nachrichten von anderen Mitgliedern mehr erhalten haben.

Kein Bild oder ein unscharfes oder unpassendes Bild im Profil

Mit einem Foto im eigenen Profil zeigt ein Mitglied Persönlichkeit, und die Profilbesucher können sich im wahrsten Sinne des Wortes ein Bild von der Person machen. Schauen Sie sich einmal ein Profil mit einem Foto und anschließend eines ohne an. Welche Wirkung hat das auf Sie? Bedenken Sie jedoch, dass unscharfe oder sehr persönliche Aufnahmen zu negativen Schlussfolgerungen über Sie führen können. Welches Bild wollen Sie den anderen Mitgliedern, unter denen sich potenzielle Auftrag- und Arbeitgeber befinden, von sich vermitteln?

Sehen Sie sich die Bilder anderer Mitglieder an und überlegen Sie sich, welchen Eindruck von der Person sie vermitteln. Dann können Sie ganz bewusst ein geeignetes Foto von sich selbst auswählen oder gegenüber dem Fotografen genaue Vorstellungen äußern. Mehr zum Thema gelungenes und passendes Foto erfahren Sie im Kapitel „3. Fliegender Start: Erste Einstellungen und ein überzeugendes XING-Profil".

Keine Reaktion auf Antworten zu eigenen Artikeln

Ein Mitglied schreibt eine Frage als Beitrag in einer Gruppe mit der entsprechenden fachlichen Ausrichtung und bekommt Antworten mit Rückfragen dazu. Schade, wenn das Mitglied darauf nicht reagiert. Andere Gruppenmitglieder wollen helfen und laufen ins Leere. Der anfangs Fragende hat in so einem Fall sein Anliegen wohl bereits geklärt und vergessen, im Forum einen entsprechenden Hinweis für die anderen Diskussionsteilnehmer zu hinterlassen. Oder er hat schlicht nicht mitbekommen, dass bereits Antworten auf seine Anfrage eingegangen sind.

Nutzen Sie bei Diskussionen in Ihren Gruppen deshalb die Funktion „Benachrichtigung per E-Mail bei neuen Artikeln in diesem Artikelbaum", bevor Sie den Button „Absenden" drücken. So erhalten Sie eine E-Mail mit einem Hinweis, wenn eine Antwort auf Ihren Artikel eingegangen ist. Sie können nun direkt reagieren und sich zum Beispiel für den eingesandten Beitrag kurz bedanken.

Sich zu einem Networking-Event anmelden und nicht erscheinen

Vor einem Networking-Event schauen die angemeldeten Teilnehmer häufig in die Gästeliste, um zu prüfen, wer von den eigenen Kontakten vor Ort sein wird oder welche interessanten Menschen sie dort eventuell kennenlernen können. Doch immer wieder melden sich Mitglieder für solche Veranstaltungen fest an und erscheinen dann nicht. Das ist nicht nur für den Veranstalter ärgerlich, denn er plant den Event genau für die Anzahl an Gästen, die fest zugesagt haben. Auch anwesende Teilnehmer suchen oft unnötig lang nach Mitgliedern, die laut Gästeliste zu finden sein sollten.

Melden Sie sich daher besser mit einem „Vielleicht" zu einer solchen Veranstaltung an, wenn Sie noch nicht sicher wissen, ob Sie kommen können. Geben Sie Ihre feste Zusage erst, sobald Ihre Teilnahme sicher ist.

Nicht auf Nachrichten reagieren

Ein Mitglied bekommt eine Anfrage über XING und reagiert nicht darauf. Das passiert immer dann, wenn das Eintreffen einer Nachricht gar nicht bemerkt wird. Wer XING nicht regelmäßig nutzt und zugleich die E-Mail-Benachrichtigung über neue Nachrichten abgeschaltet hat, kriegt gar nicht mit, dass wichtige Mitteilungen auf ihn oder sie warten. Das ist umso ärgerlicher, wenn es sich dabei um konkrete Anfragen zu Dienstleistungen oder Produkten handelt.

Wenn Sie XING nicht so häufig nutzen, sollten Sie die E-Mail-Benachrichtigung deshalb angeschaltet lassen. Den Hinweis, dass Sie eine Nachricht empfangen haben, können Sie auf der Startseite im Untermenü „Einstellungen" bei „Benachrichtigungen" aktivieren.

Kontakte sammeln, ohne sie zu pflegen

Vielleicht ist Ihnen das auch schon aufgefallen: Es gibt Mitglieder, die innerhalb kürzester Zeit tausende von Kontakten „sammeln" und sich so ein großes Netzwerk aufbauen. Doch es ist unvorstellbar, dass dann noch eine effektive Kontaktpflege möglich sein soll. Es besteht die Gefahr, dass die so gesammelten Kontaktdaten in andere Systeme übertragen werden, über die sich Massen-E-Mails versenden lassen. Fallen Sie nicht auf solche Kontaktsammler herein, sondern prüfen Sie ganz genau, welche Kontaktanfragen Sie tatsächlich bestätigen wollen. Wie Sie dabei vorgehen, haben Sie ja bereits erfahren.

Solange Sie Ihre Kontaktdaten nicht freigegeben haben, kann Ihnen aber nicht viel passieren: Der Kontaktsammler hat dann keinen Zugriff auf Ihre E-Mail-Adresse, und wenn Sie von ihm unerwünschte Nachrichten via XING erhalten, können Sie den Kontakt beenden und sogar den Empfang privater Nachrichten von diesem Mitglied sperren. Sie sind also sehr effektiv gegen unerwünschte Werbung und andere Belästigungen geschützt.

Eine Gruppe eröffnen und sich nicht darum kümmern

Jeder kann im XING-Netzwerk eine eigene Gruppe beantragen und aufbauen. Sehr viele neue Gruppen werden jedoch nie wirklich aktiv. Der Moderator lädt keine neuen Mitglieder ein und versäumt es, sein Vorhaben bekanntzumachen. Manchmal gibt es nicht einmal Diskussionsforen, sodass die Mitglieder überhaupt nicht miteinander diskutieren können.

Wenn Sie selbst eine Gruppe eröffnen wollen, dann lesen Sie das Kapitel „7. Gruppen: Profitieren Sie vom Wissensaustausch bei XING“. Hier erfahren Sie, wie Sie es als angehender Moderator besser machen als gerade beschrieben, und worauf besonders zu achten ist.

Termin ohne Beschreibung anlegen

Es gibt Ankündigungen für Seminare und Firmenpräsentationen bei XING, die so gut wie keine weiteren Informationen zum Termin enthalten. Das führt entweder dazu, dass sich kaum jemand anmeldet. Oder der Veranstalter bekommt unter Umständen sehr viele Nachfragen von Mitgliedern, die mehr über die Rahmenbedingungen und Inhalte erfahren wollen. Das kostet Zeit und manches Mal sicher auch Nerven.

Wenn Sie eine Veranstaltung ankündigen, gilt daher: Formulieren Sie eine möglichst ausführliche Terminbeschreibung, die alle wichtigen Informationen für interessierte Mitglieder enthält.

Fehlerhafte oder missverständliche Angaben im Profil

Haben Sie so etwas in Profilen auch schon gesehen? Immer wieder fallen Tippfehler bei der eigenen Firmen-Homepage auf, ein Aufrufversuch bringt lediglich eine Fehlermeldung hervor. Oder die Postanschrift ist fehlerhaft, wodurch eine Standortanzeige oder Routenplanung nicht möglich ist, da die falsche Adresse von *Google Maps* nicht zugeordnet werden kann. Um dies zu verhindern, kontrollieren Sie derartige Daten, indem Sie selbst die entsprechenden Links und Funktionen in Ihrem Profil anklicken.

Doch auch scheinbar richtige Angaben können zu einer Fehlinterpretation durch die Profilbesucher führen. Vor allem Frauen passiert es immer wieder, dass sie von anderen Mitgliedern unerwünschte, private Angebote bekommen. Das passiert besonders häufig, wenn das Profilbild in einer Freizeitsituation entstanden ist und die Betreffende in fröhlicher Stimmung zeigt. Wenn dann im Feld „Ich suche" „nette Kontakte" steht und unter „Interessen" vielleicht noch zusätzlich „Tanzen gehen" eingetragen ist, führt dies beim einen oder anderen Mitglied zu Missverständnissen.

Beugen Sie dem vor, indem Sie ein Bild in Ihr Profil stellen, das eindeutig beruflich wirkt. Ändern Sie außerdem Ihre Einträge ab, zum Beispiel „nette Kontakte" in „nette Geschäftskontakte" und „Tanzen gehen" in „Formationstanz in der Tanzschule".

Andere Mitglieder mit Spam nerven

Es gibt klare Regeln für den Versand von Nachrichten an Mitglieder, die keine direkten Kontakte des Absenders sind. Sie stehen jeweils über dem Formular zur Nachrichteneingabe und in den AGB von XING. Danach muss man sich bei der Kontaktaufnahme zum Beispiel immer auf das Profil und die darin befindlichen Felder „Ich suche"/„Ich biete" beziehen. Trotzdem kommt es immer wieder vor, dass Werbebotschaften ohne jeglichen Bezug zum Profil versendet werden. Wer sich so verhält, erhält relativ schnell Abmahnungen von XING und wird bei fortwährendem Missbrauch aus dem Netzwerk ausgeschlossen.

Damit Sie gar nicht erst in den Verdacht kommen, Spam zu verschicken, beziehen Sie sich gegenüber Unbekannten am besten immer auf die Felder „Ich suche"/„Ich biete". Personalisieren Sie zudem Ihre Nachrichten und unterlassen Sie Massenaussendungen, dann werden Sie auch keine Abmahnung von XING erhalten.

3. Fliegender Start: erste Einstellungen und ein überzeugendes XING-Profil

Die effektive Nutzung von XING beginnt mit einem aussagekräftigen und vollständig ausgefüllten Profil. Wenn Sie hier ein klares Bild von sich vermitteln, besteht die größte Chance, dass andere Mitglieder nicht nur auf Sie aufmerksam werden, sondern auch direkt Kontakt mit Ihnen aufnehmen. Auch falsche Einstellungen sind oft der Grund dafür, dass Mitglieder ihre Ziele mit XING nicht erreichen. Richten Sie daher von Anfang an alles genau so ein, dass es zu Ihnen und zu Ihrer Ausrichtung passt. Wie das geht, erklären wir Ihnen in diesem Kapitel.

So richten Sie Ihre Startseite ein

Wir beginnen mit der Startseite. Sie öffnet sich als Erstes, wenn Sie XING (nach dem Login) aufrufen, und stellt Ihnen viele wichtige Informationen für Ihr Networking zur Verfügung. Die Startseite können Sie als persönliche Informationsquelle für Ihre tägliche Arbeit mit XING nutzen. Dafür stehen Ihnen verschiedene sogenannte Infoboxen zur Verfügung, die Sie individuell auswählen und anordnen können.

Gut zu wissen

Spezielle Anzeige zur Vollständigkeit des Profils

Sofern Sie ein neues Mitglied im XING-Netzwerk sind oder noch nicht dazu gekommen sind, alle Felder auszufüllen, wird Ihnen auf der Startseite angezeigt, welche noch in Ihrem Profil fehlen. Die Anzeige erlischt automatisch, sobald Sie Ihr Profil vollständig ausgefüllt haben.

Haben Sie sich schon einmal angeschaut, welche Infoboxen es neben den bereits angezeigten gibt? Oben rechts auf Ihrer Startseite haben Sie die Möglichkeit, sich die Auswahl anzeigen zu lassen. Wenn Sie die Ansicht ändern wollen, klicken Sie auf „Startseite anpassen“. Wählen Sie die gewünschten Boxen aus und bestätigen Sie dann mit „Speichern“. Die frisch ausgewählte Infobox wird anschließend zusätzlich unter den bereits vorhandenen angezeigt.

Wenn Sie die Reihenfolge oder die Position der Boxen ändern möchten, klicken Sie in die Titelzeile einer Infobox und ziehen diese mit gedrückter linker Maustaste an die gewünschte Stelle der Startseite. Die Boxen lassen sich nur untereinander tauschen, aber nicht an eine beliebige Stelle auf der Seite schieben.

Da es ganz auf Ihre eigenen Zwecke und Ziele ankommt, welche Informationen für Sie am sinnvollsten sind, kann keine für jedes Mitglied passende Auswahl und Platzierung der Boxen empfohlen werden. Daher schlagen wir Ihnen im Folgenden einige Musterlösungen für verschiedene Fälle vor, wie wir sie aus der Praxis kennen.

Infoboxen für die Beziehungspflege

Sie haben sich ein Netzwerk bei XING aufgebaut und möchten Ihre Beziehungen und Kontakte regelmäßig pflegen. Nutzen Sie dafür die folgenden Infoboxen:

- Die Box „Besucher meines Profils“ verschafft Ihnen schnell einen Überblick, wer sich in letzter Zeit Ihr Profil angeschaut hat. Das ist eine der beliebtesten Funktionen bei XING. Zu Mitgliedern, die hier aufgeführt sind, können Sie Kontakt aufnehmen und nachfragen, warum sie Ihr Profil aufgerufen haben oder was ihr Interesse geweckt hat.

- Die Liste „Die nächsten Geburtstage meiner Kontakte“ eröffnet Ihnen die Möglichkeit, Ihre Netzwerkkontakte mindestens einmal pro Jahr zu pflegen. Rufen Sie bei guten Kontakten direkt an, um zu gratulieren, oder senden Sie eine Geburtstagsnachricht.

- Unter „Neues aus meinem Netzwerk“ finden Sie vielfältigste Informationen, die immer wieder Anlass und Gelegenheit zur Kommunikation mit Ihren Kontakten geben. Was genau Sie sich dabei aus Ihrem Netzwerk anzeigen lassen wollen, können Sie über den Link „Bearbeiten“ oben rechts in der Box festlegen. Wenn Sie viele Kontakte haben, achten Sie aber darauf, dass diese Infobox Ihre Startseite nicht mit Unmengen unwichtiger Informationen füllt. In solchen Fällen empfehlen wir die Beschränkung auf die Punkte „Persönliches (Ich suche, Ich biete …)“ und „Statusmeldung“. So sehen Sie, wenn jemand aus Ihrem Netzwerk ein neues Angebot hat, etwas Bestimmtes sucht und welchen aktuellen Status er hat. Wenn Sie Zeit haben und dazu einen Tipp geben können, nutzen Sie diese Gelegenheit direkt zur Pflege Ihres Netzwerks.

Infoboxen für Karriereziele

Sie sind Angestellter und wünschen sich einen Überblick über Weiterbildungsangebote, um Ihre Karriere voranzutreiben. Neuen Herausforderungen stehen Sie offen gegenüber, daher möchten Sie stets die neuesten Jobangebote sehen.

- Welche Stellenanzeigen in der Box „Job-Angebote zu meinem Profil“ zu sehen sind, richtet sich nach den Angaben in Ihrem Profil. Das

System von XING gleicht automatisch alle vorhandenen Angebote aus dem Marketplace mit Ihren Profilangaben zur Berufsausbildung und zum Werdegang ab und listet dazu passende Ergebnisse auf. So bekommen Sie jederzeit die neuesten Stellenausschreibungen zu sehen und finden so vielleicht nebenbei Ihren neuen Traumjob.

- Richten Sie sich die Box „Öffentliche Termine in meiner Region" ein. So bekommen Sie auf Grundlage der Postleitzahl beziehungsweise des Ortes, den Sie bei den geschäftlichen Daten angegeben haben, die nächsten eingetragenen öffentlichen Termine angezeigt. Termine in Ihrer Stadt werden dabei bevorzugt aufgelistet, dazu kommen solche, die abhängig von den ersten Stellen Ihrer Postleitzahl ausgewählt werden. So erfahren Sie, ob es ein interessantes Angebot zur Weiterbildung oder auch zum Networking in Ihrer Region gibt.

Gut zu wissen

Sie können sich mehr Informationen anzeigen lassen

Am unteren rechten Rand der Boxen finden Sie fast immer einen Link auf „mehr". So können Sie weitere Ergebnisse zum jeweiligen Inhalt auflisten lassen. Oft werden dann sogar detaillierte Informationen zu den Einträgen in der Infobox sichtbar. So wird bei der Liste „Besucher meines Profils" zum Beispiel angezeigt, von wo aus die Besucher auf Ihr Profil geklickt haben, sofern dies von XING ermittelt werden konnte.

Infoboxen für den Wissensaustausch

Sie sind ein kommunikativer Mensch und engagieren sich stark in einigen Fachgruppen im XING-Netzwerk.

- Nutzen Sie die Box „Meine letzten Gruppenartikel" für den schnellen Zugriff auf Diskussionen, die gerade laufen und an denen Sie sich aktuell beteiligen wollen. Sie sehen in dieser Box immer Ihre letzten Beiträge und können mit einem Klick auf den Titel schnell direkt ins Geschehen gelangen.

- Wenn Sie sehen wollen, was in den Gruppen diskutiert wird, in denen Sie als Mitglied eingetragen sind, wählen Sie die Box „Neue Artikel in meinen Gruppen“ aus. Hier kann sich die Liste schnell verändern, wenn Sie in vielen Gruppen aktiv sind. Sobald Sie sich von einer Betreffzeile angesprochen fühlen, bringt ein Klick darauf Sie direkt in die Diskussion.
  Es kann durchaus sein, dass hier nicht alle neuen Beiträge aufgeführt werden. Moderatoren haben die Möglichkeit, einzelne Diskussionsforen innerhalb ihrer Gruppen aus diesem sogenannten Ticker zu nehmen. In einigen Gruppen gibt es zum Beispiel spezielle Chatforen. Hier werden von den Mitgliedern teilweise im Minutentakt Artikel geschrieben. Damit diese die Ticker für neue relevante Nachrichten nicht verstopfen, blenden manche Moderatoren derartige Foren im Ticker einfach aus.
- Analog zur Box „Neue Artikel in meinen Gruppen“ werden in der Box „Neue Artikel in allen Gruppen“ alle Artikel aus sämtlichen für Sie lesbaren Gruppen aufgelistet. Da es mehr als 10.000 Gruppen gibt, finden Sie hier immer wieder neue Einträge. Die Box wird jedoch nicht jede Sekunde aktualisiert, sondern alle paar Minuten. Viele Mitglieder sind über diese Funktion auf interessante Diskussionen aufmerksam geworden und haben darüber hinaus teilweise neue Gruppen entdeckt.

Infoboxen für Anbieter von Weiterbildungsmaßnahmen

- Sofern Sie Ihre Termine auch bei XING eintragen, sollten Sie für einen schnellen Zugriff die Box „Meine nächsten Termine“ nutzen. So kommen Sie mit einem Klick von der Startseite direkt auf Ihre Termine und können sie verwalten.
- Hilfreich kann auch die Box „Kontakte meiner Kontakte“ sein, wenn Sie darüber bei der Suche nach neuen Interessenten vielleicht den einen oder anderen „Zufallstreffer“ landen. Effektiver ist jedoch die detaillierte Suche mit der erweiterten Funktion, die in Kapitel „4. Interessante Mitglieder finden: Gezielte Suche und Kontaktaufnahme“ beschrieben ist.

Tipps und Tricks für eine gute Selbstdarstellung: Ihr Profil

Sie wissen es aus eigener Erfahrung: Oft dauert es nur Sekunden, bis Sie als Besucher die grundsätzliche Entscheidung treffen, ob Sie sich ein Profil ausführlicher anschauen oder gleich wieder weiterklicken. So geht es natürlich auch den anderen Mitgliedern bei XING. Zeigen Sie deshalb in Ihrem Profil ganz klar, wer Sie sind. Für eine gelungene Selbstdarstellung reicht es nicht aus, ein gutes Foto einzustellen. Vielmehr tragen alle Inhalte Ihres Profils dazu bei, dass sich Ihre Besucher tatsächlich ein Bild von Ihnen machen können.

Das Foto: Bilder sagen mehr als tausend Worte

Mit einem guten Foto zeigen Sie dem Betrachter einen großen Teil Ihrer Persönlichkeit. Bedenken Sie aber, dass die Bilder bei XING manchmal in kleineren Formaten zu sehen sind. Prüfen Sie also auch, wie das gewählte Bild dann wirkt, es sollte in jeder Größe eine gewisse Aussagekraft besitzen. Meist sind Bilder mit einem helleren Hintergrund für die Vorschau in kleinem Format wesentlich besser geeignet.

Entscheiden Sie sich außerdem für ein Foto, das Ihrer Zielsetzung entspricht. Sind Sie zum Beispiel auf Jobsuche, empfiehlt es sich, ein Bild zu verwenden, das Sie bedenkenlos für Ihre Bewerbungsunterlagen benutzen würden. Wenn Sie geschäftliche Kontakte suchen, sind Freizeitbilder fehl am Platz.

Lassen Sie am besten professionelle Aufnahmen von einem guten Fotografen machen. Beachten Sie dabei aber, dass nicht jeder Berufsfotograf automatisch auch gute Porträtaufnahmen erstellen kann. Wenn Sie keinen Fotografen kennen, schauen Sie sich die Profile von Menschen aus Ihrer Stadt an und fragen Sie bei ansprechenden Bildern das Mitglied, wen es beauftragt hat. Denken Sie daran: Den allerersten Eindruck gewinnt ein Profilbesucher durch Ihr Foto, und dafür gibt es bekanntlich keine zweite Chance.

Wenn Sie bereits gute Bilder haben und nicht wissen, wie Sie sie in das korrekte Format für XING umwandeln, können Sie den kostenlosen Service von www.mypictr.com nutzen. Dort lassen sich alle Arten von Bildern schnell und einfach auf die passende Größe bringen. Das Angebot beinhaltet zwar keine Optimierung in Bezug auf die Bildqualität, doch das Zuschneiden, Verkleinern und anschließende Abspeichern ist sehr einfach gestaltet und sollte jedem gelingen. Die Vorgaben für XING können Sie sogar bequem aus einem Auswahlmenü wählen, Sie brauchen nicht einmal zu wissen, wie groß das Bild werden muss.

Tipp

Definieren Sie einen Auftrag klar

Klären Sie mit dem Fotografen genau ab, wie es sich mit den Rechten an den Porträtaufnahmen verhält. Achten Sie darauf, dass Sie die Fotos auch im Internet für die Gestaltung Ihrer Internetseite und für Profile bei Communitys wie XING nutzen dürfen. Ansonsten könnte es Ihnen passieren, dass Ihr Fotograf später ein zusätzliches Honorar fordert und dabei das Recht auf seiner Seite hat. Fragen Sie den Fotografen schon vor der Auftragserteilung, ob er Ihnen einige ausgesuchte Bilder gleich im richtigen Format für Ihr XING-Profil liefert. Sie brauchen das ausgewählte Foto dann nur noch hochzuladen.

Im Gespräch

People. Professionell. Persönlich. **Beatrice Hermann** stellt sich vor: Ich bin 33 Jahre alt, stamme eigentlich aus Bayern, lebe aber seit 2004 in Hamburg. Ich habe Kunst und Design in Würzburg und Fotografie in Maidstone bei London studiert. Ich fotografiere Leute. Für Redaktionen. Für Werbung. Für Unternehmer und Unternehmen. Am liebsten nach dem Motto: echte Menschen statt steife Models.

Seit wann sind Sie Mitglied bei XING?
Seit April 2005.

Wie nutzen Sie XING für Ihre Arbeit?
XING ist für mich eins der wichtigsten Netzwerktools geworden. Da ich keinerlei Werbung mache, ist es somit auch mein stärkstes Akquisewerkzeug. Ich bin praktisch immer online.

In welchen Gruppen sind Sie aktiv?
Ich bin im „Woman Entrepreneur Club", kurz WEC, deshalb bin ich damals auch XING-Mitglied geworden. Inzwischen organisiere ich mit Marion Lustig die Hamburger Regionaltreffen für den WEC, die einmal

im Monat stattfinden. Ich gebe zu: Online schreibe ich nicht so viel, das ist für mich ein riesiger Zeitfresser, aber für Live-Treffen bin ich jederzeit zu haben. Genauso funktioniert das mit der Gruppe „XING Live Hamburg". Die Live-Treffen sind inzwischen zum Pflichtprogramm für mich geworden. Das macht Spaß, und irgendwie ergibt sich dabei immer ein interessantes Projekt.
Zudem treibe ich mich berufsbedingt bei den XING-Gruppen „Fotografen, Grafiker, Künstler, Designer", „Kunst und Kultur", „Künstlertreff@art", „no-art-forum – Neue Wege für die Kunst", „3MPN-Movie-Music-MediaPeopleNetwork", „Hamburg Connection – Connect in the real world" und „Eventwerker Hamburg" herum. Allerdings lese ich auch hier mehr, als dass ich online schreibe. Oder ich gehe nur zu den Networking-Veranstaltungen.
Im Repertoire sind wegen meiner Interessen noch die Gruppen „Filme, Kino, Klassiker", „Akquisition/Kundengewinnung", „Ich SUCHE ... – Empfehlungen und ganz heiße Tipps" und „Networking – Hintergründe, Motive und Absichten". Ach ja, und von „brand eins" bin ich Fan und habe da natürlich auch ein Abonnement ;-).

Haben Sie einen Tipp zur Nutzung von XING?
Der für mich wichtigste Faktor ist das Profilbild. Ein Bild sagt mehr als tausend Worte, allerdings sollte es auch das richtige sein! Wenn die Person auf dem Foto authentisch und sympathisch rüberkommt, ist das schon die halbe Miete. Passt dann noch der Auftritt zum Beruf und auch zur Persönlichkeit: klasse! Und wenn das Bild zudem gut gemacht ist und man die Person darauf wiedererkennen kann: Volltreffer!
Hilfreich für mich ist zudem die Möglichkeit, Adressbücher abzugleichen. Ich arbeite mit *Outlook* und synchronisiere meine Kontakte mit den Daten bei XING. So halte ich beide Adressbücher immer auf dem neuesten Stand.

Was ist der Kern Ihrer persönlichen XING-„Erfolgsstory"?
Besonders meine Business-Porträts kommen bei den XING-Mitgliedern ungemein gut an. Ich habe noch nie Werbung dafür gemacht. Alle Interessenten für ein „Business-Shooting" kommen nach Empfehlungen von zufriedenen Kunden; und die meisten davon über XING. Viele von

ihnen bekommen viel positives Feedback und deutlich mehr Anfragen durch das neue Profilbild. Und mir erzählen sie dann immer wieder neue Erfolgsstorys, die durch das Bild entstanden sind. Und: Sie schicken mir neue Kunden. Das ist toll!
Auch überregionale Aufträge haben sich schon ergeben: Durch XING hatte ich schon Kunden aus München oder der Schweiz, die extra fürs Shooting zu mir nach Hamburg gekommen sind.

Bevorzugen Sie eine bestimmte Funktion bei XING?
Ja, die Powersuche: Vor allem die „Besucher meines Profils", „... meiner Firmen-Homepage", „... meiner Über-mich-Seite".

Ihr Firmenname im XING-Profil

Ihr Bild, Ihr Name und der Firmenname tauchen im XING-Netzwerk immer wieder an verschiedensten Stellen in Kombination auf, zum Beispiel beim Aufrufen fremder Profile in der Kontaktkette, als Suchergebnis oder im Posteingang. Freiberufler tragen oft ihren eigenen Namen als Firmennamen ein. Nutzen Sie diese Werbefläche für Ihre Firma sinnvoller und bringen Sie eine klare Aussage oder einen Claim in diesem Feld unter. Vielleicht wollen Sie auch eine bestimmte Botschaft transportieren. Wenn Sie hier einen kleinen Zusatz oder Ihre Webadresse unterbringen, wecken Sie das Interesse anderer Mitglieder. Im Folgenden finden Sie einige gute Beispiele für die optimale Nutzung dieses Feldes:

Beatrice Hermann
FOTODESIGN BEATRICE HERMANN – People. Professionell. Persönlich.

Uwe Hiltmann
UWE HILTMANN – Internet-Unternehmensberater „ICH BRINGE SIE IN GOOGLE AUF 1!"

Hauke Kraft
Kühn & Pahl GmbH – Wir nehmen es persönlich!

Ilka Groenewold
IG Entertainment – www.ilka-music.com – die Künstlerin für Ihren Event!

Nadine Cekan
Hausverwaltung Cekan – Ihre Immobilie in guten Händen!

Matthias Feddersen
VARIUS IT – Jeder industrieübliche IT-Skill innerhalb 48 Stunden – garantiert!

Mit einem solchen Eintrag heben Sie sich deutlich von der Masse der XING-Mitglieder ab und machen den Betrachter auf sich aufmerksam. Ein gut gewählter Claim an dieser Stelle kann die Anzahl der Klicks auf Ihr Profil und damit auch die Zahl interessanter Kontakte vervielfachen.

Haben Sie bei diesen Personen nachgeschaut und dort einen anderen Eintrag gefunden? Viele, die ihr Profil optimieren, sehen das nicht als einmalige Aufgabe, sondern als fortlaufende Herausforderung. Ein Wechsel sorgt für neue Aufmerksamkeit auch bei bestehenden Kontakten.

Wenn Sie den Eintrag für den Firmennamen ändern wollen, gehen Sie so vor: Klicken Sie im Bereich „Berufserfahrung" Ihres Profils beim aktuellsten Eintrag auf „Bearbeiten". Dann können Sie den Firmennamen und die Position anpassen, die zugleich oben im Profil neben Ihrem Bild und Namen angezeigt werden. Gibt es in Ihrem Fall mehrere aktuelle Einträge und damit verschiedene Firmen, können Sie die Anzeige wechseln, indem Sie bei einem anderen Eintrag das Häkchen bei „Diese Tätigkeit neben meinem Namen und oben auf meiner Profilseite anzeigen" setzen.

Die Felder „Ich suche" und „Ich biete"

Ihr Bild und der Firmenname fallen meist als Erstes ins Auge, gleich danach richtet sich die Aufmerksamkeit auf diese beiden Felder. Sie sind besonders wichtig, wenn es um die Suche nach Dienstleistern und Auftraggebern geht.

Formulieren Sie für den Einstieg in das „Ich-biete"-Feld am besten ein oder zwei ganze Sätze. Bringen Sie darin so deutlich und bildhaft wie möglich zum Ausdruck, was Ihr Angebot ist. So kann ein Besucher schnell und einfach erfassen, was er von Ihnen erwarten kann. Im weiteren Inhalt können dann Fachbegriffe folgen. Überlegen Sie sich, mit welchen Wörtern Sie nach Ihrem Angebot suchen würden. Fragen Sie auch Kunden, Kooperationspartner und Freunde, welche Begriffe sie benutzen würden.

Gelungen ist der Eintrag im Feld „Ich biete" bei Ronald Hawelka von der Firma Hawelka IT. Sein Text: „Unter dem Motto: ‚Wir machen IT begreifbar!‘ bieten wir kompetente Schulungen im Bereich MS Office, Open Office, MindManager an. Erfahren Sie, wie moderne Ausbildungsmethoden (Superlearning/Suggestopädie) Ihre Freude an der Weiterbildung neu wecken! Unser weiteres Angebot in Stichworten: MindManager Seminare, Suggestopädie, Coaching, IT-Training on the Job, Google Seminare …“

In das Feld „Ich suche“ tragen Sie ein, was Sie finden möchten. Damit können andere auf Sie als potenziellen Kunden aufmerksam werden. Stellen Sie sich vor, Sie brauchen einen Steuerberater und geben dies ein. Durchsucht nun ein Steuerberater aus Ihrer Region die „Ich-suche“-Felder, kann er Sie finden und sich bei Ihnen melden.

Tipp

So fördern Sie den freien Austausch

Begriffe wie „offener Austausch“, „Querdenker“, „Erfahrungsaustausch“, „eine gute Tasse Kaffee“, „spannende Buchempfehlungen“ im Feld „Ich suche“ bieten anderen Mitgliedern einen Anknüpfungspunkt, um Sie jederzeit anzuschreiben. Denken Sie dabei an die Regel, dass sich Nachrichten an Nicht-Kontakte an den Feldern „Ich suche“/„Ich biete“ orientieren sollen.

Im Gespräch

Markus Sikor stellt sich vor: Ich führe seit zehn Jahren zusammen mit meiner Partnerin Marianne Sikor das „Institut Sikor – mediation training“. Wir machen kurz und knapp gesagt schwierige Gespräche leichter … Dafür bieten wir Seminare für Persönlichkeitsentwicklung und Gesprächsführung an („Gewaltfreie Kommunikation“ nach Dr. Marshall Rosenberg), führen Mediationen und Beratungen für Paare, Familien und Teams in Organisationen durch, bilden Mediatoren aus und sind als anerkannte Ausbilder des Bundesverbands Mediation und des Centers for Nonviolent Communication im In- und Ausland tätig.

Seit wann sind Sie Mitglied bei XING?

Ich bin erst seit April 2007 Mitglied, also ein ziemlicher „Frischling“. Mir kommt meine aktive Zeit bei XING aber sehr viel länger vor.

Was bedeutet Networking für Sie?
Die aktive Pflege meiner privaten wie beruflichen Kontakte und Verbindungen war mir auch früher schon immer und ist mir immer noch sehr wichtig. Als selbständiger Trainer bin ich im positiven Sinn abhängig von einem reichhaltigen und umfangreichen Netzwerk, in dem Menschen meine Arbeit schätzen, mich weiterempfehlen, unsere Beratung in Anspruch nehmen etc.
Ich denke, dass Netzwerken bei XING erfolgreich ist, wenn man Spaß am Geben hat, ohne einen direkten Rückfluss zu erwarten. Es gibt eine Menge Möglichkeiten, bei XING oder anderswo aktiv etwas für Mitglieder des eigenen Netzwerks zu tun.

Wie haben Sie Ihr Netzwerk aufgebaut?
Anfangs war ich von der Vielfalt bei XING etwas überfordert und habe viele Möglichkeiten gar nicht erkannt. Meine *Outlook*-Kontakte mit den XING-Kontakten abzugleichen, das war schon mal ein guter Anfang. Aber mir war auf jeden Fall wichtig, nicht wahllos Kontakte zu sammeln. Ich wollte ein persönliches, aktives Netzwerk haben, mit dem ich mich verbunden fühle.
Daher lege ich Wert darauf, dass ich mit meinen Kontakten auch etwas gemeinsam habe – reine „Kontaktsammler" liegen mir nicht. Daher frage ich bei Anfragen von Fremden nach, was die Person an meinem Profil interessant findet und warum, welches Thema wir vielleicht gemeinsam haben, worüber wir miteinander ins Gespräch kommen könnten und Ähnliches.

Wie pflegen Sie Ihr Netzwerk?
Ich beteilige mich aktiv in verschiedenen Gruppen, reagiere auf Fragen von Mitgliedern oder beteilige mich rege an Diskussionen zu Themen, die mich wirklich interessieren. Dadurch bin ich schon oft in Kontakt mit interessanten Menschen gekommen, mit denen ich mein XING-Netzwerk erweitert habe.
Ich browse auch hin und wieder mal durch die Profile der Mitglieder in meinen Gruppen, vor allem auch in den regionalen Gruppen. Oft entdecke ich bei „Ich suche" oder den „Interessen" etwas, wo ich einen hilfreichen Kontakt herstellen, eine Frage beantworten oder einen Hinweis geben kann.

Welchen Nutzen ziehen Sie aus Ihrem Netzwerk?
Ich bekomme aus meinem Netzwerk regelmäßig Anregungen, wertvolle Hinweise für meine eigene Arbeitspraxis, mein Marketing als Trainer, für meine persönliche Weiterentwicklung – XING bietet einen unglaublichen Fundus an Wissen und Erfahrungen, den ich noch lange nicht vollständig ausgeschöpft habe. Darüber hinaus habe ich bereits mehrere berufliche Kontakte zu möglichen Kooperationspartnern geknüpft und auch schon einige konkrete Anfragen von potenziellen Teilnehmern für unsere Seminare erhalten – meine Aktivität „lohnt" sich also auf vielen Ebenen.

Welche Werkzeuge nutzen Sie für Ihr Networking?
Über die „Suchagenten" lasse ich Mitglieder mit Gemeinsamkeiten suchen. Manchmal ergeben sich so vielversprechende Kontakte. Aktiv suche ich Kontakte zu Trainerkollegen mit ähnlichen Interessen, zum Beispiel an der Arbeit von Ken Wilber, Gewaltfreie Kommunikation nach Marshall Rosenberg und Ähnliches. Bei ihnen frage ich an, ob sie sich mit mir austauschen möchten – bisher habe ich damit sehr gute Erfahrungen gemacht.

Wie nutzen Sie XING für Ihre Arbeit?
Mittlerweile ist XING neben *Outlook* mein zweites Kontaktmanagement-Tool. Daher bin ich meist online und nutze die Plattform mindestens einmal täglich.

In welchen Gruppen sind Sie aktiv?
Ich bin in den Gruppen vertreten, deren Themen mir als Kommunikationstrainer naheliegen.

Haben Sie einen Tipp zur Nutzung von XING?
Meiner Meinung nach lohnt sich die Premium-Mitgliedschaft, sobald man etwas aktiver in XING sein möchte. Denn nur dann kann ich auch die vielfältigen Möglichkeiten nutzen, die hier geboten werden. Zum Beispiel sollte das „Ich-suche"-Feld nicht sinngemäß mit den gleichen Einträgen wie das „Ich-biete"-Feld ausgefüllt werden. Es ist nicht sinnvoll: „Ich suche Klienten" – „Ich biete Beratung" in diese Felder einzutragen. Echte Sucheinträge, die inhaltlich über die eigenen „Ich-biete"-Interes-

sen hinausgehen, schaffen deutlich mehr Anknüpfungspunkte für echtes Netzwerken.
Wenn Profile sehr unvollständig sind oder keine „Über-mich"-Seite vorhanden ist, finde ich das immer sehr bedauerlich, weil damit der Weg für eine Kontaktaufnahme deutlich beschwerlicher wird. Also, zeigen Sie sich mit dem, was Sie gerne von sich zeigen – auch bei XING!

Möchten Sie Ihre persönliche XING-„Erfolgsstory" erzählen?
Ich habe mehrere, aber hier meine Lieblingsstory: In meinem XING-Profil habe ich unter „Ich suche" unter anderem einen Bio-Lieferservice aufgeführt, weil Einkaufen ehrlich gesagt nicht zu meinen Lieblingsbeschäftigungen gehört. Kürzlich hat nun ein großzügiges Mitglied der XING-Gruppe Landsberg in der Mitgliederliste gestöbert, mein Profil mit der Suchanfrage gelesen und mir daraufhin die Adresse seines Bio-Lieferservice gemailt.
So weit, so hilfreich – aber es kommt noch viel besser. Selbiges Mitglied war wohl noch auf meinem XING-Profil unterwegs, fand dies ansprechend und hat mich kurzerhand zum „Landsberger Unternehmerfrühstück" eingeladen, um dort unsere Arbeit vorzustellen.
Abgesehen davon, dass besagtes Frühstück grausam früh beginnt, nämlich um sieben Uhr, bin ich natürlich dankbar für diese Möglichkeit und vor allem begeistert über den Ausdruck eines lebendigen Online-Netzwerks, wo „virtuelle" zu „realen" Kontakten werden.

Werden Sie persönlich und nennen Sie Ihre Interessen

Verleihen Sie Ihrem Profil Persönlichkeit, denn gerade beim Networking geht es nicht nur um Fakten und Business. Der menschliche Faktor ist immens wichtig, und Sympathie sowie Charakter sind oft entscheidende Einflussgrößen für den Erfolg.

Indem Sie Ihre persönlichen Interessen in das entsprechende Feld eintragen, finden andere Mitglieder erste Anknüpfungspunkte für die Kontaktaufnahme und das erste Gespräch. Je ausführlicher Ihre Angaben hier sind, desto größer ist die Wahrscheinlichkeit, dass neue Kontakte gut zu Ihnen passen. Wer mit Ihren Angaben in diesem Feld nichts anfangen kann, der wird Sie gar nicht erst kontaktieren. Lesen Sie im folgenden Interview mit

Peter Claus Lamprecht, wie ihm die Nutzung des Feldes „Interessen" einen seiner mittlerweile größten Kunden gebracht hat.

Im Gespräch

Peter Claus Lamprecht stellt sich vor: Ich bin Präsentationsoptimierer. Meine Kunden sind Führungspersönlichkeiten, die häufig Wichtiges präsentieren, jedoch kaum Zeit zur Ausarbeitung ihres Vortrags haben. Mit meiner Hilfe sparen sie Zeit, können überzeugend präsentieren und ihr Publikum gewinnen.

Seit wann sind Sie Mitglied bei XING?
Seit Januar 2004.

Wie nutzen Sie XING für Ihre Arbeit?
XING ist ein wichtiger Bestandteil meiner Strategie zur Kundengewinnung. Als Moderator der Gruppe „Besser präsentieren!" bin ich nah an meiner Zielgruppe und profitiere gleichzeitig von einem PR- und Mundpropaganda-Effekt. Darüber hinaus nutze ich XING zur Pflege meines Netzwerks, dessen Mitglieder mich häufig weiterempfehlen. Hin und wieder recherchiere ich Kooperationspartner. Ich bin täglich online.

In welchen Gruppen sind Sie aktiv und warum?
Abgesehen von „meiner" Gruppe bin ich in zehn weiteren Mitglied. Die sind wegen der Fachthemen für mich interessant, zum Beispiel „Akquisition/Kundengewinnung" oder „Business Weblogs". Die meisten sind Branchentreffs oder Netzwerke mit regionalen Veranstaltungen.

Haben Sie einen Tipp zur Nutzung von XING?
Sorgen Sie dafür, dass Ihr XING-Profil nicht zu einer Karteileiche wird! Werden Sie daher in Gruppen aktiv und schreiben Sie ab und an einen Fachartikel. Obwohl XING eine Online-Plattform ist, sind die „Offline"-Veranstaltungen meist viel wichtiger. Denn dort können Sie persönlichen Kontakt zu anderen XING-Mitgliedern bekommen. Zur komfortablen Verwaltung meiner Kontaktdaten nutze ich *Microsoft Outlook* in Verbindung mit dem XING-Plugin, teilweise ergänzt durch eigene Scripte.

Wie sieht Ihre persönliche XING-„Erfolgsstory" aus?
2006 nahm ein namhafter Konzern aus der Medizin- und Sicherheitstechnik Kontakt zu mir auf: Ein Mitarbeiter aus dem Bereich Unternehmenskommunikation hatte via XING nach Präsentationsdienstleistern im Hamburger Raum gesucht. Da er maximal mit drei Anbietern sprechen wollte, filterte er das Rechercheergebnis nach subjektiven Kriterien. Mein Profil kam in die engere Wahl, da ich bei Interessen unter anderem „Mojo Club" angegeben habe – der Mitarbeiter war dort früher einmal für das Marketing zuständig gewesen. Heute gehört das Unternehmen zu meinen größten Kunden, ich werde innerhalb des Konzerns regelmäßig weiterempfohlen.

Gibt es eine Lieblingsfunktion in XING?
Von einer Lieblingsfunktion kann ich nicht wirklich sprechen – ich nutze neben den Gruppen häufig die Nachrichten-Funktion, die erweiterte Suche und die Terminverwaltung.

Geben Sie Ihren aktuellen Status im Profil an

Im Nachrichtensystem von XING existiert kein Autoresponder, mit dem Nachrichten automatisch beantwortet werden können. Gerade wenn man auf Reisen, im Urlaub oder auf einer mehrtägigen Konferenz ist und die Nachrichten im XING-Netzwerk nicht täglich lesen kann, ist es nützlich, den Profilbesuchern den aktuellen Status mitzuteilen. Premium-Mitglieder haben diese Möglichkeit rechts oben in ihrem Profil, dort finden Sie die Eingabemöglichkeit. Klicken Sie den Befehl an und geben Sie die gewünschte Statusmeldung ein. Diese Eingabe wird an drei verschiedenen Bereichen der Plattform angezeigt:

- Auf Ihrem Profil: Hier können Sie zusätzlich wählen, ob alle XING-Mitglieder oder nur Ihre Kontakte den Status sehen können.
- Ihren direkten Kontakten wird der Status optional einmalig als Neuigkeit in der Box „Neues aus meinem Netzwerk" angezeigt.
- Zusätzlich ist der „Momentane Status" bei privaten Nachrichten, die Sie anderen Mitgliedern schreiben, unter Ihrem Profilfoto sichtbar.

Tipps zum Statusfeld: Tragen Sie hier auf jeden Fall ein, wenn Sie XING längere Zeit nicht nutzen oder wenn Sie im Urlaub sind. So kann jeder erkennen, dass Sie nicht sofort antworten werden. Als Freiberufler können Sie hier Ihre aktuelle Verfügbarkeit eintragen. Wenn es einmal keinen Status gibt, lässt sich das Feld natürlich auch mit einer kurzen Werbebotschaft füllen.

Hochschulen, Organisationen, ehemalige Arbeitgeber

Es gibt bei XING einige Powersuchen, die mit den obigen Feldern und Einträgen zu tun haben. In den Ergebnissen können Sie natürlich nur aufgelistet werden, wenn Sie entsprechende Einträge vorgenommen haben. Benutzen Sie daher die allgemein übliche Schreibweise, eventuell auch mehrere unterschiedliche Schreibweisen.

Wenn Sie nicht sicher sind, suchen Sie selbst unter den verschiedenen infrage kommenden Begriffen, um die gängigsten Varianten der jeweiligen Einträge herauszufinden. Schreiben Sie also nicht nur „LMU“ oder „HVB“, sondern „Ludwig-Maximilians-Universität München (LMU)“ oder „Hypovereinsbank AG (HVB)“. Nur so können Suchfunktionen wie „Mitglieder aus denselben Organisationen wie ich“, „Mitglieder von denselben Hochschulen wie ich“ oder „Derzeitige und ehemalige Kollegen“ funktionieren. Diese Abfragen vergleichen die Angaben, die im betreffenden Feld in den Mitglieder-Profilen zu finden sind.

Berufserfahrungen und Firmeneinträge

Unter der Rubrik „Berufserfahrung“ geben Sie den Besuchern Ihres Profils eine Übersicht über Ihren Werdegang. Dabei bestimmen Sie selbst, wie viele Informationen Sie an dieser Stelle preisgeben wollen. Es besteht keine Verpflichtung, jede einzelne Station Ihres Berufslebens aufzuführen. Wenn Sie viele verschiedene, eher kurze Praktika absolviert haben, fassen Sie diese ruhig zu einem Posten zusammen, damit der Gesamteintrag nicht zu unübersichtlich wird und die verschiedenen beruflichen Stationen in der richtigen Gewichtung zueinander stehen.

Wie in einem Lebenslauf für die Bewerbungsunterlagen sollten auch bei XING die Einträge stimmig sein. Wenn frühere Tätigkeiten nicht zu Ihrem jetzigen Angebot als Selbständiger passen, dann lassen Sie diese gegebenenfalls komplett weg und führen lediglich Ihre aktuelle Firma auf. Haben Sie beispielsweise Ihr Hobby zum Beruf und sich als Designer selbständig gemacht, ist es für einen potenziellen Auftraggeber sicher nicht motivierend, wenn Sie die letzten 17 Jahre als kaufmännische Kraft in der Buchhaltung beschäftigt waren.

Ihre Einträge werden vom System automatisch zeitlich sortiert. Oberhalb der dünnen grauen Linie erscheinen alle Angaben, die in Hinblick auf den Zeitraum mit einem Haken bei „bis heute" versehen wurden. Wie schon beschrieben, können Sie bei mehreren aktuellen Tätigkeiten eine auswählen, deren Angabe zur „Firma" dann zusammen mit Ihrem Bild und Namen oben auf Ihrer Profilseite, in Kontaktketten und allen Arten von Listen erscheint.

Gut zu wissen

Tragen Sie mehrere Branchen ein

Bei jeder Tätigkeit kann eine Branchenkategorie ausgewählt werden. Die hier zur Verfügung stehende Auswahl ist jedoch beschränkt. Nutzen Sie die Möglichkeit, weitere Branchen in das entsprechende Freifeld einzutragen. Diese Angaben werden bei der Mitgliedersuche nach Branchen ebenfalls herangezogen. Geben Sie eventuell zusätzlich verschiedene Schreibweisen ein. So sollten Sie als Coach und Seminaranbieter zusätzlich zur Hauptbranche Coaching die Begriffe „Seminare", „Weiterbildung", „Ausbildung", „Seminaranbieter", „Fortbildung" und „Personalentwicklung" eintragen.

Das Freifeld „Beschreiben Sie Ihre Position" können Sie nutzen, um weitere Informationen vor allem zu früheren Tätigkeiten einzutragen. Zum Beispiel wird die Angabe „leitender Angestellter" erst dann wirklich aussagekräftig, wenn Sie kurz beschreiben, welchen Teilbereich Sie geleitet haben und wie viele Mitarbeiter Ihnen unterstellt waren.

Überlegen Sie bei jedem einzelnen Feld, ob einer der auszuwählenden Einträge für Sie wirklich sinnvoll ist. Als Einzelunternehmer sollten Sie beispielsweise die Felder „Karriere-Level", „Firmengröße" und „Art der Organisation" einfach leer lassen.

Wählen Sie die richtige Internetadresse

Falls die Kontaktdaten in einem Profil nicht freigegeben wurden, klicken viele Besucher die dort angegebene Internetadresse an und suchen nach der

Telefonnummer oder E-Mail-Adresse des Mitglieds. Oft gestaltet sich dies (gerade bei großen Firmen) jedoch eher schwierig, weil die gesuchten Informationen zu einer bestimmten Person nur schwer oder gar nicht zu finden sind. Falls eine Unterseite mit entsprechenden Kontaktinformationen zur Verfügung steht, dann tragen Sie die Adresse ebendieser Seite direkt ein. Oder Sie verlinken auf eine speziell erstellte Einstiegsseite mit der angegebenen Adresse und begrüßen dort die Besucher, die über Ihr XING-Profil auf die Internetseite gekommen sind.

Sofern Sie mit mehreren E-Mail-Adressen arbeiten, sollten Sie diese in Ihrem XING-Profil hinterlegen. Die zusätzlichen Angaben sind für andere Mitglieder nicht sichtbar, sie werden jedoch beispielsweise beim Abgleich von Adressbüchern (siehe Kapitel „6. Adressbuch: Wie Sie Ihre Kontakte verwalten“) berücksichtigt. Zudem werden Sie bei XING so leichter gefunden. Sie können beliebig viele E-Mail-Adressen bei Ihren Kontaktdaten eintragen.

Denken Sie eventuell auch an E-Mail-Adressen, die Sie früher einmal genutzt haben. Vielleicht haben Sie einige Zeit mit einer Adresse bei einem Freemailer wie GMX kommuniziert. Kontakte aus dieser Zeit kennen nur

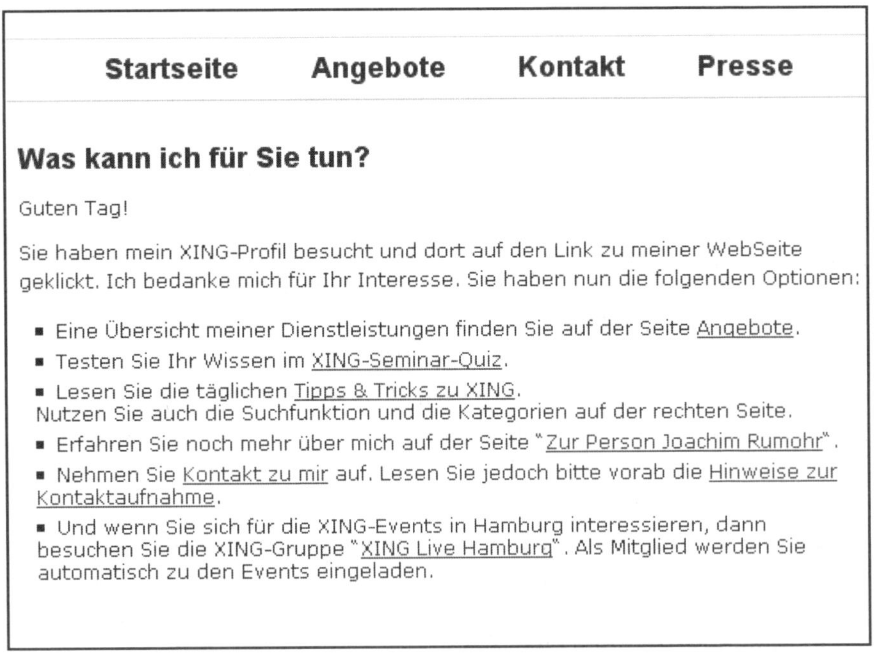

diese Adresse und würden Sie bei einem Adressbuchabgleich nicht einmal mehr finden. Die Folge wäre eine erneute Einladung in das XING-Netzwerk, die Sie vielleicht nicht einmal mehr erreicht. Ist die alte Adresse hingegen hinterlegt, wird Ihr Profil beim Abgleich mit der alten Angabe gefunden und angezeigt.

Nutzen Sie die Profilvorschau

In Ihrem eigenen Profil können Sie fast alle Angaben direkt beim jeweiligen Eintrag bearbeiten und anpassen. Damit Sie Ihr Profil aus der Sicht eines Besuchers sehen können, wurde die Funktion „Profilvorschau anzeigen“ eingerichtet. Wenn Sie diese anklicken, wird Ihr Profil so angezeigt, wie es ein Besucher sieht, der kein Kontakt von Ihnen ist. Ihre bestätigten Kontakte sehen Ihr Profil genau so, können allerdings zusätzlich Daten sehen, die Sie jeweils speziell für diese Person freigegeben haben.

In der Vorschau können Sie in Ihrem Profil nichts anklicken und keine Einträge bearbeiten. Wollen Sie diese Ansicht verlassen, klicken Sie auf „Profilvorschau ausblenden“ im gelben Balken.

Nutzen Sie die Wirkung der „Über-mich“-Seite

Die „Über-mich“-Seite bietet viele Möglichkeiten zur freien Selbstdarstellung. Sie können diese zum Beispiel nutzen, um weitere Angaben zu Ihrer Person und/oder Ihren Dienstleistungen zu machen. Oder Sie stellen Ihren Lebenslauf ein, wenn Sie gerade auf Jobsuche sind. Auf jeden Fall sollten die Stichwörter, mit denen eine Suche wahrscheinlich zu Ihnen führt, in Ihren Formulierungen vorkommen. Denn wenn die Stichwortsuche benutzt wird, werden dabei auch die „Über-mich“-Seiten der Mitglieder bei XING einbezogen.

Beispiel: Peter Claus Lamprecht hat als Präsentationsoptimierer auf seiner „Über-mich“-Seite neben dem Firmenlogo eine sehr gut gemachte Kurzpräsentation eingestellt. Damit erhält ein Besucher schnell Einblick in seine Dienstleistung. Durch Fettungen hat Herr Lamprecht wichtige Informationen herausgestellt, und eine Aufzählung mit wenigen Punkten macht dem Betrachter deutlich, welche Leistungen er anbietet. Durch die Veröffentlichung seiner Kontaktdaten gibt er die Möglichkeit zur schnellen Kommunikation ohne Umwege.

FAST AGENT

Peter Claus Lamprecht

Ich bin **Präsentationsoptimierer** und biete meine Leistungen in den Bereichen **Präsentation, Medientechnik** und **Multimedia** an.

Meine Kunden kommen zu mir, weil sie...

- häufig Wichtiges präsentieren und keine Zeit für die Ausarbeitung und grafische Gestaltung haben
- eine sinnvolle Alternative zum langweiligen Standard suchen
- endlich einmal packend präsentieren wollen
- oder eher selten präsentieren und sich nicht immer wieder neu in PowerPoint® & Co. einarbeiten können

Zu meiner **Zielgruppe** gehören Führungskräfte und Unternehmer, die etwas zu sagen haben und professionell präsentieren. Für Agenturen arbeite ich frei, meist als **PowerPoint-Profi**.

Auf Anfrage nenne ich Ihnen gern meine Referenzen.
Arbeitsproben stelle ich persönlich oder via Online-Präsentation vor:
http://www.fastagent.de/online-praesentation/ , Terminabsprache erforderlich.

Fast Agent
Peter Claus Lamprecht
Präsentationsoptimierer
Friesenweg 2
D-22763 Hamburg

Telefon +49-40-32 87 13 65
Kontakt http://www.fastagent.de/kontakt/

Web / Blog http://www.fastagent.de/
Information http://www.fastagent.de/information/

Tipp
So können Sie Ihre Kontaktdaten sichtbar machen

Viele Mitglieder würden ihre Kontaktdaten gern generell zur Verfügung stellen. Sie müssen jedoch über die Kontaktdatenfreigabe für jedes Mitglied einzeln freigegeben werden. Nehmen Sie daher Ihre Kontaktdaten einfach zusätzlich auf die „Über-mich"-Seite auf, wie es im obigen Beispiel Peter Claus Lamprecht getan hat. Diese Daten sind ja sowieso über Ihre eigene Homepage außerhalb von XING für jeden Internetnutzer abrufbar.

Damit Ihre „Über-mich"-Seite professionell wirkt, können Sie interne und externe Links setzen, Ihren Text mit sogenannten HTML-Tags formatieren und Bilder einfügen.

Links setzen

Das Setzen eines Links ist ganz einfach, da eine entsprechende Eingabe automatisch in einen Link verwandelt wird. Geben Sie in das Textfeld einfach „www.ihre-adresse.de" ein. „ihre-adresse" ersetzen Sie durch die tatsächliche Angabe. Sie können auch „http://" davorsetzen, das ist aber nicht nötig und erschwert die Lesbarkeit. Die Angabe „ihre-adresse.de" allein reicht allerdings nicht aus, damit die Eintragung automatisch in einen Link umgesetzt wird.

Um Fehler zu vermeiden, rufen Sie die gewünschte Seite am besten in Ihrem Browser auf, kopieren den Link aus der Adresszeile und entfernen anschließend das „http://". Das Beispiel der Seite von Peter Claus Lamprecht, das Sie auf Seite 56 sehen, zeigt, wie er die Link-Funktion nutzt. Er setzt sie ein, um Leser seines Profils zu einer Musterpräsentation zu führen oder Interessenten dazu zu bewegen, dass sie den von ihm angebotenen Newsletter abonnieren.

HTML-Tags einsetzen

Doch nicht nur Links schaffen einen Mehrwert, auch die Möglichkeit, auf der „Über-mich"-Seite mit HTML-Tags zu arbeiten, hat viele Vorteile. So können Sie zum Beispiel mit verschiedenen Schriftformaten die Übersichtlichkeit der Seite verbessern und im Text einzelne Wörter oder Passagen hervorheben.

Eingabe	Ergebnis
<b>Fettschrift</b>	**Fettschrift**
<i>Kursiver Text</i>	*Kursiver Text*
<u>Textunterstreichung</u>	Textunterstreichung

Eine Unterstreichung ist nicht zu empfehlen, da von den meisten Nutzern dahinter ein Link zum Anklicken vermutet wird. Mit dem Befehl <font> können Sie die Schrift noch weiter anpassen.

Eingabe	Ergebnis
<font size= "3">Schriftgröße</font>	Festlegung der Schriftgröße von 1 bis 7
<font color= "green">Schriftfarbe</font>	Festlegung der Schriftfarbe Weitere Farbwerte finden Sie mit *Google* und dem Suchbegriff „Schriftfarbe HTML"
<font face= "Arial">Schriftart</font>	Festlegung der Schriftart

Bei den Schriftarten ist zu beachten: Exotische Schriften sind nicht auf jedem Computer installiert und werden dann in der Standardschriftart angezeigt. Die einzelnen oben aufgeführten Attribute können auch wie folgt miteinander kombiniert werden:

<font size = "3" face = "Verdana" color = "blue">Der formatierte Text*</font>*

Mit Grafiken gestalten

Mithilfe von Grafiken können Sie Ihre Seite noch weiter optimieren und gestalten. Abbildungen lockern den Text auf und motivieren den Betrachter, sich länger mit einer Information zu beschäftigen. Leider lassen sich außer dem Profilbild keine weiteren Bilder und Grafiken bei XING ablegen, es sei denn, Sie sind Moderator einer Gruppe. In diesem Fall können Sie eine begrenzte Anzahl an Dateien im Administrationsbereich Ihrer Gruppe für die Verwendung in Ihren Gruppennewslettern speichern. In der Regel müssen Sie Ihre Abbildungen aber auf einem externen Web-Server ablegen und dann einen Link dorthin setzen. Nutzen Sie dazu zum Beispiel einen Service wie www.flickr.de, www.sevenload.de oder www.photobucket.com, wenn Sie so vorgehen wollen.

Achten Sie darauf, dass die ausgewählten Bilder in genau der Größe vorliegen (Pixelabmessungen), in der sie später auch angezeigt werden sollen.

Falls Sie kein Programm zur Verfügung haben, um Ihre Bilder zu bearbeiten, nutzen Sie den Service auf den Seiten www.picnik.com oder das bereits erwähnte www.mypictr.com. Dort können Sie ohne Registrierung ein Bild hochladen, bearbeiten und es anschließend wieder auf Ihrem Computer speichern.

Um ein Bild auf Ihrer „Über-mich"-Seite einzufügen, benötigen Sie den HTML-Befehl <img>. So sieht das Ganze dann in dem von Ihnen einzugebenden Quellcode aus: <img src="http://www.die-adresse-vom-bild.de/" align="left" />. Das Zusatzattribut *align="left"* sorgt für eine Ausrichtung des Bildes am linken Rand mit Textumfluss. Alternativ können Sie hier auch *align="right"* eintragen oder das Attribut weglassen. Wenn Sie hierzu keine Angaben machen, steht das Bild am linken Bildschirmrand und der Text erscheint darunter.

Wozu ein Gästebuch?

Haben Sie sich schon einmal Gästebücher anderer Mitglieder angesehen? Oft stehen dort Einträge wie „Schön, Dich hier zu finden …", „Lass uns mal ein Bier trinken gehen …" oder sogar werbliche Einträge von Mitgliedern, die das Gästebuch eines anderen schlicht missbrauchen. Wie viel besser wäre die Wirkung, wenn Sie in einem Gästebuch auf Aussagen von zufriedenen Kunden des Mitglieds stoßen würden?

Nutzen Sie das Potenzial, das in diesem Instrument steckt. Wenn Sie zum Beispiel eine Leistung erbracht haben, fragen Sie Ihren Kunden, ob ihm das Ergebnis gefallen hat. War alles zu seiner besten Zufriedenheit, dann bitten Sie ihn, ob er einen entsprechenden Eintrag in Ihr Gästebuch schreiben möchte. Er wird sich vielleicht sogar freuen, wenn er sich auf diese Weise bei Ihnen für die besondere Mühe revanchieren kann, die Sie sich gegeben haben.

Das Gästebuch eignet sich aber nicht nur hervorragend als Referenzliste. Es gibt noch weitere Gründe, warum Sie es freischalten sollten: Sie wissen ja bereits, dass XING-Mitglieder, die keinen Premium-Account besitzen – und das sind aktuell mehr als 80 Prozent der Nutzer –, Ihnen auf direktem Weg keine private Nachricht schreiben können. Öffnen Sie für diese Personen das Gästebuch, denn darüber können sie schnell und einfach mit Ihnen in Kontakt treten. Möglicherweise wird so ein Basismitglied künftig einer Ihrer wichtigsten Kunden.

Gut zu wissen

Warum Sie neue Einträge sofort kontrollieren sollten

Leider wird das Gästebuch von einigen Mitgliedern zum Hinterlassen von Werbung missbraucht. Am besten lassen Sie sich von XING über neue Einträge per E-Mail informieren und kontrollieren diese Einträge immer sofort. Oder aber Sie deaktivieren Ihr Gästebuch, damit Sie es nicht auf unerwünschte Einträge prüfen müssen. Mehr darüber erfahren Sie im folgenden Abschnitt.

Einstellungen: So wahren Sie Ihre Privatsphäre

Im XING-Netzwerk bestimmen Sie selbst, wie offen oder privat Sie sein möchten. Wenn Sie neue Geschäftskontakte knüpfen und Ihr Netzwerk pflegen wollen, ist es sinnvoll, alle Standardeinstellungen zu belassen. Sie können die Einstellungen aber auch sehr detailliert an Ihre Bedürfnisse anpassen. Die Einstellungen finden Sie als Untermenü der Startseite oder über den Button „Profileinstellungen" auf der rechten Seite Ihres Profils. Gehen Sie alle Einstellungen einmal komplett durch und prüfen Sie die jeweiligen Optionen.

Wählen Sie ein sicheres Passwort

Stellen Sie sich vor, ein Fremder würde sich unter Ihrem Namen bei XING anmelden und alle Ihre Kontakte löschen oder gar Ihr gesamtes Profil. Wenn Sie hier zuvor viel Zeit in das Networking investiert haben, könnte dies zu einem großen Schaden führen. Wählen Sie deshalb ein sicheres Passwort, das aus mindestens zehn Zeichen besteht und Groß- und Kleinbuchstaben sowie Zahlen und Sonderzeichen enthält. Benutzen Sit keine Namen, Geburtstage, Telefon- und Kontonummern. Auch Wörter oder Namen, die zu erraten sind (Hobby, Lieblingsverein, Künstler, Kennzeichen), sind nicht geeignet. Nutzen Sie möglichst kein Passwort, das Sie bereits für andere Logins oder Internetseiten angegeben haben.

Profileinstellungen

Ob bestimmte Angaben in Ihrem Profil sichtbar sein sollen oder nicht, das entscheiden Sie selbst. So können Sie an dieser Stelle zum Beispiel Ihr

Gästebuch abschalten oder dafür sorgen, dass der Aktivitätsindex in Ihrem Profil nicht angezeigt wird. Dieser Prozentwert errechnet sich aus Ihren verschiedenen Aktivitäten im XING-Netzwerk, beispielsweise spielt die Häufigkeit der Logins eine Rolle. Eingeschaltet ist der Index auf jeden Fall ein Gradmesser dafür, wie intensiv ein Mitglied XING nutzt, und eine gute Hilfe, um abschätzen zu können, ob und wie schnell sich ein Mitglied voraussichtlich auf eine Anfrage melden wird.

Nutzen Sie Skype, das Softwareprogramm, mit dem man all seine Kontakte weltweit kostenlos anrufen kann? Dann sehen Ihre Kontakte über den Skype-Status, ob Sie gerade online sind. Auch diese Anzeige können Sie optional abschalten.

Die Anzeige des Standort- und Routenlinks auf Ihrer Profilseite ist ein echter Mehrwert für Ihre Besucher und sollte eingeschaltet bleiben. Die Funktion zeigt übrigens nur dann den genauen Standort an, wenn Sie Ihre geschäftliche Adresse für den jeweiligen Besucher freigeschaltet haben. Diese Mitglieder könnten Ihre Adresse auch direkt bei *Google Maps* eingeben. Doch mit dem eingeschalteten Standort- und Routenlink machen Sie es dem Besucher leichter, denn er muss nur auf den Link klicken.

Probieren Sie es selbst aus und rufen Sie das Profil eines Ihrer Kontakte auf. Sofern dessen Anschrift für Sie freigeschaltet ist, wird in einem neuen Fenster eine *Google-Maps*-Karte mit dem genauen Standort beziehungsweise eine Fahrtroutenanweisung angezeigt. Der Ausgangspunkt ist Ihre eigene Geschäftsadresse. Hat Ihr Kontakt die Adresse nicht freigegeben, wird lediglich der Ortsteil markiert, in dem die Person wohnt.

Auch über die Anzeige Ihrer Gruppen entscheiden Sie selbst. Sollten Sie Mitglied in sehr vielen Gruppen sein, ist es sinnvoll, nicht alle anzuzeigen, da Sie sonst möglicherweise einen falschen Eindruck erwecken. Bei zu vielen Einträgen kann ein Profilbesucher auf den Gedanken kommen, dass Sie Ihre gesamte Arbeitszeit in Diskussionen mit Mitgliedern dieser Gruppen stecken. Legen Sie über die Profileinstellungen fest, welche Mitgliedschaften der Besucher auf Ihrem Profil in Form kleiner Gruppenlogos sehen soll.

Wie öffentlich möchten Sie sein?

Sie können Ihre Mitgliedschaft im XING-Netzwerk nach außen hin komplett abschotten. In den meisten Fällen ist es jedoch eher positiv, wenn Sie zusätzlich über Suchmaschinen gefunden werden und Ihr Profil für Nicht-Mitglieder aufrufbar ist. Falls Sie XING schon längere Zeit nutzen, ist es sehr wahrscheinlich, dass Ihr Profil bereits von verschiedenen Suchmaschinen erfasst ist. Darauf hat XING keinen Einfluss, und diese Suchergebnisse werden nicht automatisch und sofort wieder entfernt, wenn Sie den Haken bei „Mein Profil darf in Suchmaschinen auffindbar sein" entfernen. Probieren Sie es am besten einfach aus und geben Sie Ihren Vor- und Zunamen zwischen Anführungszeichen („Vorname Nachname") in eine Suchmaschine wie *Google* ein. (Ohne Anführungszeichen würden auch Seiten aufgelistet, in denen Ihr Vorname und Nachname unabhängig voneinander an ganz unterschiedlichen Stellen vorkommen.) Wenn Ihr Profil für Nicht-Mitglieder abrufbar ist, werden diesen Besuchern die Inhalte Ihres Profils ohne Kontaktdaten angezeigt.

Abruf von Artikeln und Kommentaren über Suchmaschinen und Newsreader (RSS)

Ein Gruppenmoderator legt fest, wer die Artikel aus seinem Forum lesen darf. Gibt er dabei „alle" an, so sind die Gruppenartikel nicht nur innerhalb von XING, sondern auch per RSS mit sogenannten Newsreadern und von Suchmaschinen lesbar. Als RSS bezeichnet man einen Service auf Websites, der ähnlich wie ein Nachrichtenticker die Überschriften samt kurzem Textanriss und Link zur Originalseite bereithält. Diese Bereitstellung von Daten im RSS-Format wird auch als RSS-Feed bezeichnet (engl. „to feed" für „versorgen", „einspeisen", „zuführen"). Diese RSS-Feeds können mit speziellen Programmen (sogenannten Newsreadern) abonniert werden. So können von verschiedensten Websites auf einfachem Weg Informationen automatisch gesammelt und in einem einzigen Programm gelesen werden. Den kostenlosen Newsreader *Feedreader* können Sie übrigens im Menü Downloads von XING (oben rechts auf der Seite) herunterladen. Ob die entsprechende Einstellung für die Artikel einer Gruppe gilt, können Sie auf der „Über-diese-Gruppe"-Seite herausfinden. Dort steht dann bei „Artikel lesen" der Eintrag „alle".

Wollen Sie in einer solchen Gruppe Beiträge schreiben, ohne dass diese außerhalb von XING lesbar und vor allem von Suchmaschinen auffindbar sind, deaktivieren Sie die Option „Meine Artikel und Kommentare in den Gruppen können über Suchmaschinen und RSS abgerufen werden". Am besten halten Sie sich aber an den etwas überspitzt formulierten Rat, nur Texte zu schreiben, die Sie genau so (und dauerhaft) auch auf eine riesengroße Plakatwand, die an der Hauptverkehrsstraße Ihres Wohnorts liegt, zu schreiben bereit wären. Eine geschlossene Gruppe kann nämlich theoretisch vom Moderator jederzeit geöffnet und damit Ihre Artikel für alle lesbar werden.

„Neues aus meinem Netzwerk"

Bestimmen Sie selbst, welche Informationen über Sie an Ihre direkten Kontakte über die Funktion „Neues aus meinem Netzwerk" verteilt werden. Empfehlenswert sind hier auf jeden Fall neue Inhalte aus den Bereichen „Persönliches (Ich suche, Ich biete ...)", „Neue Gruppenmitgliedschaften", „Statusmeldungen" und „Öffentliche Termine (Organisation und Teilnahme)". Damit halten Sie Ihr Netzwerk informiert und stets auf dem aktuellen Stand. Die Benachrichtigung der Kontakte über Änderungen Ihrer Profileinträge können Sie nutzen, um Aufmerksamkeit auf sich zu ziehen. Wenn Sie sie aber zu häufig ändern, bewirken Sie wahrscheinlich eher das Gegenteil. Das kann dazu führen, dass wirklich wichtige Dinge nicht mehr wahrgenommen werden.

Sichtbarkeit der Kontaktliste

Es gibt einige Fälle, in denen es sinnvoll sein kann, die Kontaktliste auszublenden. Gehören beispielsweise zu den Kontakten eines Dienstleistungsvermittlers Auftraggeber und Auftragnehmer, dann könnten diese sich gegenseitig selbst finden und bräuchten möglicherweise die Dienstleistung des Vermittlers nicht mehr. Im Sinne des Networkings ist es jedoch zu empfehlen, die Kontaktliste für alle Mitglieder zugänglich zu machen. Die gewählte Einstellung wirkt sich ausschließlich auf die Auflistung der Kontakte auf Ihrer Profilseite aus. In den Kontaktpfaden bleiben Ihre Kontakte in jedem Fall weiterhin sichtbar.

Private Nachrichten und Gästebucheinträge

Erleichtern Sie Interessierten die Kontaktaufnahme und ermöglichen Sie allen Mitgliedern das Schreiben von Nachrichten und Gästebucheinträgen. In der Kontaktdatenfreigabe für jedes einzelne Mitglied besteht wiederum die Möglichkeit, das Senden von Nachrichten auszuschließen. Dies kann sinnvoll sein, wenn Sie von einer bestimmten Person immer wieder kontaktiert werden und keine weiteren Kontakte und Nachrichten wünschen. Das Mitglied bekommt folgende Meldung zu sehen, wenn es Ihnen eine Nachricht schicken will: „Das Senden einer Nachricht an diesen Nutzer ist nicht möglich, da der Nutzer den Kontakt über private Nachrichten in seinen Einstellungen untersagt hat." Auch in Ihr Gästebuch kann dieses Mitglied dann nichts eintragen.

Lassen Sie sich von XING benachrichtigen

Unter dem Reiter „Benachrichtigungen" finden Sie eine Reihe von Optionen, wann Sie eine Benachrichtigung von XING per E-Mail erhalten wollen. Unbedingt empfehlenswert ist eine Benachrichtigung, wenn jemand etwas in Ihr Gästebuch geschrieben hat. Wenn Sie XING nur unregelmäßig nutzen, sollten Sie sich auch über eingegangene Nachrichten informieren lassen, damit Sie in einem angemessenen Zeitraum reagieren können.

Es lohnt sich auch, den wöchentlichen XING-Newsletter zu abonnieren. Der Newsletter wird für jedes Mitglied individuell generiert. Neben Tipps und aktuellen Informationen finden Sie darin Ihre persönliche Statistik, anhand derer Sie zum Beispiel erkennen können, wie oft Ihr Profil aufgerufen wurde und ob sich Ihre verstärkten XING-Aktivitäten gelohnt haben. Nützlich ist auch die Liste mit den Geburtstagen der kommenden Woche.

Wenn Sie XING international nutzen wollen

Wenn Sie eine Suche bei XING starten, werden in den Ergebnissen bevorzugt die Mitglieder aus Ihrem Land und mit Ihrer Systemsprache aufgelistet. Öffentliche Termine in anderen Sprachen werden automatisch ausgeblendet. Das können Sie in den Sprach-Optionen ändern, anschließend werden zusätzlich Mitglieder aus anderen Ländern angezeigt. Außerdem können Sie an dieser Stelle die Anzeige von XING auf eine andere Sprache umstellen.

4. Interessante Mitglieder finden: gezielte Suche und Kontaktaufnahme

Angesichts vieler Millionen Mitglieder ist es unabdingbar, bei XING gezielt zu suchen und mit den passenden Filtern zu arbeiten. Bei einem gängigen Vor- und Zunamen ist es möglich, dass mehr als 300 Personen gefunden werden. Welche davon ist diejenige, die Sie suchen? Glücklicherweise bietet XING unter dem Menüpunkt „Mitglieder" viele verschiedene Suchwege und -optionen, hier stoßen Sie auf die erweiterte Suche, die Powersuche und die Suchagenten.

Wie Sie bei Ihrer Suche vorgehen

Rechts oberhalb des XING-Menüs finden Sie Links auf die wichtigsten Suchfunktionen sowie ein Eingabefeld für die Schnellsuche. Mit ihr können Sie direkt nach Name, Firma und anderen Suchwörtern recherchieren. Diese Suchfunktion entspricht dem Feld „Stichwortsuche“ aus der erweiterten Suche. Ihr Begriff wird jeweils in allen Feldern der Mitgliederprofile gesucht. Da für Basismitglieder die Suche über alle Profilfelder nicht freigegeben ist, erhalten sie oberhalb der Liste die Funktion „Wollten Sie nach ‚Vorname Nachname‘ als Name suchen?“ eingeblendet. So können sie einen eventuell eingegebenen Namen unmittelbar in eine Suche nach Vor- und Nachname umwandeln.

Eine freie Suche mit verschiedenen Optionen und Filtern können Sie mit der erweiterten Suche durchführen. Nachdem Sie eine Suchoption eingegeben und auf „Finden“ geklickt haben, erhalten Sie eine Trefferliste. Wenn Sie das Ergebnis einschränken und weitere Suchfilter setzen möchten, aktivieren Sie oben neben dem Button „Finden“ noch einmal die Funktion „Erweiterte Suche“. Das Eingabeformular öffnet sich erneut, und Sie können weitere Suchbegriffe eingeben oder diejenigen, die Sie bereits eingegeben haben, ändern. Die Ergebnisliste ist auf 300 Suchergebnisse für Premium-Mitglieder beschränkt, Basismitglieder bekommen nur maximal 200 Treffer zu sehen.

Die oben beschriebenen Suchfunktionalitäten finden Sie ebenfalls im Menüpunkt „Mitglieder“.

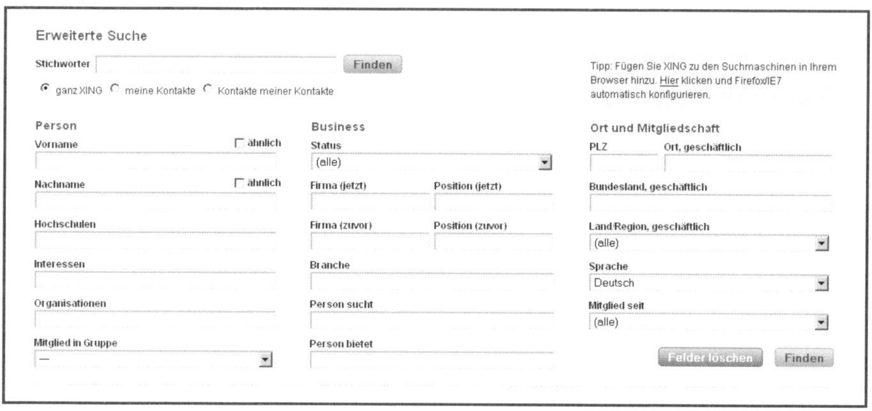

Tipp
So können Sie Ihren Rang in den Trefferlisten beeinflussen

An welcher Stelle Sie auf den Ergebnislisten stehen, hängt von der Profil-Qualität ab. Ein vollständiges, umfangreiches Profil wird bei gleicher Relevanz weiter oben angezeigt. Füllen Sie daher möglichst alle Felder in Ihrem Profil aus und verwenden Sie in Feldern wie „Ich biete“ oder auf der „Über-mich“-Seite die für Ihr Angebot relevanten Suchbegriffe.

Beispiele: Wie Sie bei Ihrer Suche vorgehen

Um Ihnen zu zeigen, wie Sie an verschiedene Anforderungen herangehen können, stellen wir unsere Suchtipps anhand von Beispielen dar. Optimieren Sie Ihre Suchstrategie bei XING, um effektivere Ergebnisse zu erzielen. Die hier vorgestellten Beispiele sind jedoch größtenteils nur für Premium-Mitglieder nutzbar, da die Suchfunktionen für Basismitglieder sehr eingeschränkt sind.

Beispiel 1
Sie benötigen einen Kooperationspartner für Typo3

Sie sind Mitarbeiter einer Internetagentur in Frankfurt und haben von einem Kunden den Auftrag bekommen, eine Website mit dem Content-Management-System *Typo3* zu erstellen. Da Sie in Ihrer Firma keinen Spezialisten dafür haben, suchen Sie im XING-Netzwerk nach einem entsprechenden Partner.

Als Erstes geben Sie bei der erweiterten Suche den Begriff „*Typo3*“ in das Feld „Stichwörter“ ein. Das System sucht nun in allen Profilfeldern nach dem Begriff, und Ihnen wird die maximale Anzahl von Suchergebnissen angezeigt. Im XING-Netzwerk gibt es bestimmt mehrere tausend Mitglieder, die *Typo3* irgendwo in ihrem Profil vermerkt haben. Dieses Vorgehen empfiehlt sich, um zu prüfen, ob ein bestimmter Begriff überhaupt verwendet wurde, beispielsweise wenn Sie nach einem relativ speziellen Thema suchen. Es lohnt sich aber nicht, mehrere hundert Profile zu prüfen und anzuschauen, das ist nicht effektiv. Ist die Trefferliste sehr lang, schränken Sie die Suche schrittweise weiter ein. Übrigens: In der Ergebnisliste wird auch angezeigt, in welchen Feldern der Begriff gefunden wurde. Diese Informationen helfen Ihnen unter Umständen bei der weiteren Suche.

Klicken Sie oben neben dem Button „Finden“ auf „Erweiterte Suche“, um die Suchoptionen zu ändern. Wenn Sie einen Partner vor Ort suchen, könnte sich die Einschränkung auf die Region beziehen. Geben Sie beispielsweise bei Ort „Frankfurt“ ein und klicken Sie dann erneut auf den Button „Finden“.

Es erscheinen wieder über 100 Ergebnisse in der Trefferliste. Nun nutzen Sie noch das Feld „Status“, denn Sie möchten einen selbständigen Kooperationspartner finden oder direkt mit dem Chef einer Firma Kontakt aufnehmen. Wählen Sie in dem entsprechenden Feld „Unternehmer“ oder „Freiberufler“. Mit dieser Suche werden Sie in kurzer Zeit eine Trefferanzahl erreichen, bei der es sinnvoll ist, die Profile der gefundenen Mitglieder gezielt anzuschauen.

Beispiel 2

Sie brauchen Kunden für Ihr Weiterbildungsangebot

Sie sind Anbieter von Weiterbildungsmaßnahmen und auf der Suche nach neuen Kunden.

In diesem Fall starten Sie sinnvollerweise mit dem Begriff „Weiterbildung“ in dem Feld „Ich suche“. Sie erhalten die maximale Anzahl an Ergebnissen und schränken diese Treffer auch wieder auf eine bestimmte Region ein. Geben Sie dazu die erste Ziffer des gewünschten Postleitzahlengebiets in das Feld „PLZ“ ein. Sie können die gewünschte Region stärker begrenzen, indem Sie weitere Stellen der Postleitzahl eintragen. Zum Beispiel „901“.

In der Ergebnisliste werden Sie gegebenenfalls einige Mitbewerber finden, die in das Feld „Ich suche“ zum Beispiel Folgendes eingetragen haben: „Austausch zu Training und Weiterbildung“ oder „Kunden, die an Weiterbildung interessiert sind“. Diese Wettbewerber können Sie dadurch ausfiltern, dass Sie bei der erweiterten Suche in das Feld „Person bietet“ ebenfalls das Wort „Weiterbildung“ schreiben, jedoch ein Minuszeichen (-) davorsetzen. So werden sämtliche Profile aus der Liste ausgeschlossen, in deren „Ich-biete“-Feld das Wort „Weiterbildung“ steht.

Zusätzlich können Sie das Feld „Branche“ nutzen, um entweder die Zielgruppe einzuschränken oder die Wettbewerber herauszufiltern. Geben Sie zum Beispiel „-Coaching“ in das Feld Branche ein, dann tauchen in den Ergebnissen keine Profile mehr auf, in denen dieser Begriff bei Branche eingetragen ist.

Tipp
Verwenden sie mehrere Begriffe gleichzeitig

Sie können mehrere Begriffe auf einmal in die obigen Felder eintragen und diese jeweils mit dem Befehl „OR“ trennen. Geben Sie zum Beispiel bei „Ich suche“ die Begriffe „Weiterbildung OR Seminare OR Fortbildung OR Ausbildung OR Training“ ein, um Profile von Mitgliedern zu finden, die einen dieser Begriffe eingetragen haben.
Die entsprechenden Wettbewerber, die selbst Weiterbildung anbieten, filtern Sie heraus, indem Sie die entsprechenden Einträge auch ins Feld „Ich biete“ schreiben – jedoch mit vorausgehendem Minuszeichen und durch Komma getrennt. Die Verknüpfung AND benötigen Sie nicht, da die Kommas bei Aufzählungen wie ein logisches „Und“ wirken.

Beispiel 3
Sie möchten Mitglieder für eine Interessengruppe aktivieren

Sie wollen eine XING-Gruppe gründen und suchen Mitglieder, die sich mit Ihnen gemeinsam engagieren.

Suchen Sie zunächst mit der Stichwortsuche, ob einzelne Fachbegriffe aus Ihrem Themenbereich überhaupt verwendet werden. Kommen sie sehr häufig vor, schränken Sie Ihre Suche entsprechend weiter ein. Sie können das Thema Ihrer neuen Gruppe auch nur in das Feld „Interessen“ eingeben und dadurch Mitglieder suchen, die direkt zum Ausdruck gebracht haben, dass sie daran interessiert sind. Das macht es zusätzlich leichter, das Anschreiben an die gefundenen Mitglieder zu formulieren, denn Sie können sich auf diesen Eintrag beziehen.

Beispiel 4
Sie brauchen einen neuen Steuerberater

Sie wohnen in München und suchen einen guten Steuerberater für Ihr Unternehmen. Nur wie können Sie herausfinden, wer gut ist? Und zwar bevor Sie jemanden mit Ihrer Steuererklärung beauftragen? Wenn Sie nach „Steuerberater“ und „München“ suchen, erhalten Sie die maximale Anzahl von Treffern. Es gibt viele hundert Steuerberater in München, die im XING-Netzwerk registriert sind. Sie müssen also eine zusätzliche Einschränkung vornehmen.

Nutzen Sie in diesem Fall die Auswahl „Kontakte meiner Kontakte“ direkt unter der Stichwortsuche. Daraufhin werden nur Steuerberater aufgelistet, die jemanden kennen, den Sie auch kennen. Zwischen Ihnen und den nun angezeigten Steuerberatern steht also immer ein direkter Kontakt von Ihnen, den Sie gegebenenfalls nach seinen Erfahrungen mit dem Steuerberater fragen können. Den gemeinsamen Kontakt sehen Sie im Kontaktpfad oberhalb des Profils, wenn Sie ein Suchergebnis anklicken.

Sie haben dann zwei mögliche Wege, Kontakt aufzunehmen. Zum einen können Sie dem Steuerberater direkt eine Nachricht schreiben oder ihn einfach anrufen. Andererseits besteht die Möglichkeit, Ihren gemeinsamen Bekannten zu kontaktieren. Fragen Sie nach seinen Erfahrungen und bitten Sie ihn, dass er die Funktion „Kontakt vorstellen“ einsetzt, um Sie und den Steuerberater in Verbindung zu bringen. Das spricht dafür, dass Ihr Kontakt den Steuerberater empfehlen kann, und Ihnen ermöglicht dies einen guten Einstieg ins erste Gespräch. Das geht natürlich nur, wenn Ihr Kontakt das Mitglied kennt und eine entsprechende Empfehlung tatsächlich aussprechen möchte.

Tipp

Suchen Sie nach Wortanfängen

In allen Profil-Feldern kann es unterschiedliche Einträge geben. Deshalb ist es mitunter sinnvoll, nach Wortanfängen zu suchen. Geben Sie hierfür die ersten Buchstaben des gesuchten Wortes ein und setzen Sie ein Sternchen (*) dahinter. Für unser Beispiel gilt: Mit der Eingabe „Steuerberat*“ finden Sie alle Profile, die „Steuerberatung“ oder „Steuerberater“ im Feld „Branche“ stehen haben.

Endlich Schluss mit reiner Kaltakquise

Von „Kaltakquise“ wird dann gesprochen, wenn Kontakt zu einer Person oder Firma hergestellt werden soll, zu der keinerlei Bezug besteht. Mit Akquise ist nicht nur die Aktivität zum Verkauf von Waren oder Dienstleistungen gemeint. Auch Kooperationspartner, Mitarbeiter, Mitglieder für eine Interessengemeinschaft, ein neuer Auftrag- beziehungsweise Arbeitgeber oder Netzwerkpartner müssen irgendwann einmal angesprochen und „akquiriert“ werden. Was in vielen Fällen für einen „warmen“ Gesprächseinstieg fehlt, ist ein Anknüpfungspunkt. Hier hilft XING, denn im Netzwerk lassen sich Gemeinsamkeiten schnell finden, und zwar auf vielerlei Wegen.

Bezugspunkt gemeinsame Kontakte

Am besten ist es natürlich, wenn sich viele Personen aus Ihrer Zielgruppe innerhalb der Kontakte Ihrer Kontakte finden lassen. Denn damit steht immer ein direkter eigener Kontakt zwischen Ihnen und der Zielperson. Über diesen gemeinsamen Kontakt, der ja über den Kontaktpfad im Profil ersichtlich wird, können Sie eine Verbindung herstellen. Auf jeden Fall eröffnet sich hiermit ein Gesprächseinstieg.

Wenn Sie zum Beispiel nach einem Dienstleister oder einem neuen Mitarbeiter suchen, können Sie den gemeinsamen Kontakt als Informationsquelle nutzen und ihn in Hinblick auf die Qualität der Leistung sowie die Zuverlässigkeit des potenziellen neuen Kontakts befragen. Schreiben Sie Ihrem direkten Kontakt einfach eine kurze Nachricht oder rufen Sie an und fragen Sie, wie gut er den möglichen Dienstleister oder neuen Mitarbeiter kennt und ob er Ihnen ein paar Hinweise und weitere Informationen zu der Person geben kann.

Geht es darum, Kunden oder Kooperationspartner zu akquirieren, besteht die Möglichkeit, dass Sie sich direkt weiterempfehlen lassen und die zwischen Ihnen und der Zielperson stehende Person als Referenz einsetzen. Diese Person könnte in einer möglichen Kontaktvorstellung zum Beispiel schreiben: „Guten Tag Herr <Name>, gern stelle ich Ihnen hiermit meinen Kontakt Frau <Name> vor. Ich kann mir gut vorstellen, dass ihre Dienstleistung für Sie von Interesse ist, und freue mich, wenn ich Ihnen damit einen guten Hinweis geben konnte. Viele Grüße“

Bezugspunkt gemeinsame Gruppe

Gerade wenn Sie erst kurze Zeit Mitglied bei XING sind, haben Sie wahrscheinlich noch nicht so viele eigene direkte Kontakte und daraus resultierende Kontakte zweiten Grades. In diesem Fall können Sie zum Beispiel bei der Zugehörigkeit zu einer XING-Gruppe als Gemeinsamkeit ansetzen. Benutzen Sie dann bei Ihrer Suche als zusätzlichen Filter die Option „Mitglied in Gruppe“ und wählen Sie eine von den Gruppen aus, in denen Sie Mitglied sind. Optimal ist es natürlich, wenn Sie sich schon mehrfach an Diskussionen beteiligt haben. Dann sind Sie dem neuen Kontakt möglicherweise bereits bekannt, weil er den einen oder anderen Artikel von Ihnen gelesen hat.

Ihr Anschreiben an einen solchen Kontakt könnte wie folgt beginnen: „Guten Tag Herr <Name>, ich habe festgestellt, dass wir beide in der Gruppe *Film- & Fernsehproduktion* sind, und habe in Ihrem Profil gesehen, dass Sie im Bereich XYZ nach weiteren Kooperationspartnern suchen. Ich würde mich freuen, wenn wir in den nächsten Tagen einmal telefonieren und uns gegebenenfalls zu einem gemeinsamen Gespräch verabreden. Viele Grüße".

Bezugspunkt Organisationen

Die Mitgliedschaft in der gleichen Organisation kann ebenfalls ein guter gemeinsamer Nenner sein, um einen ersten Kontakt aufzubauen. Geben Sie im Suchfeld „Organisationen" einen Verein oder Verband ein, in dem Sie ebenfalls Mitglied sind. Schon haben Sie den gewünschten Bezugspunkt für die erste Kontaktaufnahme. Gerade wenn Sie in einer Organisation sind, deren Zweck unter anderem die Auftragsvergabe und die Weiterempfehlung untereinander ist, kann es besonders sinnvoll sein, nach anderen Mitgliedern zu suchen.

Bezugspunkt Interessen

Sie haben eine Suche durchgeführt, die eine Liste mit mehreren dutzend oder sogar hunderten von gefundenen Mitgliedern ergeben hat? Dann grenzen Sie die Suche weiter ein, indem Sie eines Ihrer Hobbys in das Feld „Interessen" eintragen. Angenommen, Sie beschäftigen sich in Ihrer Freizeit mit Schellackplatten. Wie einfach wird die Kontaktaufnahme für Sie, wenn Sie wissen, dass sich Ihr Ansprechpartner ebenfalls dafür interessiert?

Mehrere Gemeinsamkeiten

Ergibt Ihre Suche zu viele Treffer, dann fahnden Sie immer nach weiteren Gemeinsamkeiten. Achten Sie dabei darauf, dass die Übereinstimmung zwischen Ihnen und einem möglichen neuen Kontakt so stark wie möglich wird. Stellen Sie sich vor, es bleiben am Ende einer Suche fünf Mitglieder in der Ergebnisliste übrig. Alle sind in der gleichen Organisation, teilen die gleichen Interessen und haben sich in der gleichen XING-Gruppe angemeldet. Bei so vielen gleichen Interessen haben Sie mit hoher Wahrscheinlichkeit zusätzlich sogar gemeinsame Kontakte, die dem System nur noch nicht bekannt sind, weil noch nicht alle tatsächlich vorhandenen Kontakte von Ihnen oder den gefundenen Mitgliedern im XING-Netzwerk bestätigt wurden.

So nehmen Sie Kontakt auf

Ob Sie bei den gefundenen Mitgliedern direkt anrufen, eine Nachricht schreiben oder sich von einem unmittelbaren Kontakt vorstellen lassen, hängt zum einen von Ihrer Persönlichkeit und Ihrer Grundeinstellung, zum anderen von den zur Verfügung stehenden Kontaktdaten und Kontaktmöglichkeiten ab. Als Basismitglied können Sie zum Beispiel keine Nachrichten schreiben und müssen den Umweg über das Gästebuch oder eine direkte Kontaktaufnahme wählen.

Auf jeden Fall sollten Sie sich immer am Profil des anderen Mitglieds orientieren, wenn Sie Kontakt suchen, und deutlich formulieren, woran Sie interessiert sind. Schreiben Sie, was Sie zur Kontaktaufnahme bewogen hat und welche Erwartungen Sie haben. Gehen Sie auf die Felder „Ich biete" oder „Ich suche" des anderen ein und schreiben Sie nur Mitglieder an, die offensichtlich aufgrund der Einträge in diesen Feldern einen Bedarf haben. Schreiben Sie nicht, dass Sie einen Austausch wünschen, sondern werden Sie gleich konkret. Erläutern Sie zum Beispiel, wie Sie den anderen gefunden haben, nach welchen Gemeinsamkeiten Sie gesucht haben und welchen Bezug Sie dazu haben. Je freundlicher und persönlicher Sie in die Kommunikation einsteigen, desto größer ist die Wahrscheinlichkeit, dass Sie eine Antwort bekommen.

Sofern Sie viele Übereinstimmungen zwischen sich und einem anderen Mitglied gefunden haben und Sie den Bedarf des anderen abdecken können, trauen Sie sich auch ruhig, direkt anzurufen.

Im Gespräch

Melanie Schmitz stellt sich vor: Ich organisiere in erster Linie Hochzeitsfeiern, aber auch andere Familien- oder Firmenfeiern in jedweder Größenordnung. Meine Arbeit als Hochzeitsplaner gliedert sich im Wesentlichen in drei Teilbereiche: Locationscouting, Vermittlung von Dienstleistung sowie der gesamte Bereich der Beratung, zum Beispiel zu den Formalitäten zur Eheschließung, aber auch Budgetkontrolle oder die Erstellung einer Checkliste mit „Erinnerungsservice".

Seit wann sind Sie Mitglied bei XING?
Ich bin seit März 2005 Premium-Mitglied bei XING.

Wie groß ist Ihr aktuelles Netzwerk?
Mein aktuelles engstes Netzwerk schätze ich auf ungefähr 100 Personen, die fast alle auch Mitglied bei XING sind. Aktuell habe ich insgesamt über 500 Kontakte bei XING.

Was bedeutet Networking für Sie?
Networking und Empfehlungsmarketing sind für mich als Agenturbetreiberin das A und O meines täglichen Geschäfts. Über XING habe ich etwa 80 Prozent meiner aktuellen Geschäfts- und Kooperationspartner kennengelernt, mit denen ich zum Teil täglich zusammenarbeite. Weiterhin ist Netzwerken unumgänglich für mich, um das Berufsbild „Hochzeitsplaner" weiter bekanntzumachen. Netzwerken im Privaten dient ebenso meiner PR wie letztendlich die erfolgreichen Veranstaltungen mit zahlreichen zufriedenen Gästen, mit denen man ins Gespräch kommt.

Wie haben Sie Ihr Netzwerk aufgebaut?
Ich habe zunächst mein Profil angelegt mit ausführlicher Beschreibung dessen, was ich biete und suche. Im Anschluss daran habe ich unter den Mitgliedern diejenigen herausgesucht und gezielt angeschrieben, mit denen ich eine Kooperation herstellen wollte. Weiterhin bin ich der Gruppe „Eventwerker" beigetreten. Dabei handelt es sich um ein Forum, über das sich Menschen, die im engsten und im weitesten Sinne mit Veranstaltungen zu tun haben, austauschen. Einmal monatlich treffen sich die Mitglieder dieser Gruppe an wechselnden Veranstaltungsorten live.
Auf diesem Weg habe ich den Kern meines Netzwerks sehr schnell aufgebaut, und es wächst seitdem stetig. Mittlerweile hat sich die Situation dahingehend verändert, dass ich selber durch meinen gestiegenen Bekanntheitsgrad aktiv von Leuten aus der Veranstaltungs-/Hochzeitsbranche kontaktiert werde.

Wie pflegen Sie Ihr Netzwerk?
Nach wie vor gehe ich regelmäßig zu den Netzwerkveranstaltungen meiner Gruppen („Eventwerker", „XING Live Hamburg"), und natürlich bin ich auf allen „meinen" Veranstaltungen, sprich: Hochzeiten, auch selbst dabei.

Welchen Nutzen ziehen Sie aus Ihrem Netzwerk?
Mein Netzwerk bildet die Basis einer guten Agenturarbeit, denn ohne zuverlässige, sehr gut arbeitende Kooperationspartner könnte ich meine Leistungen nicht in der Qualität anbieten, wie ich es tue. Derzeit ist mein Netzwerk noch weitgehend auf den Bereich Kooperationspartner beschränkt, mittlerweile spüre ich aber einen starken Trend bei der Kundengewinnung. Das liegt daran, dass Paare, deren Hochzeit ich organisiert habe, mich an Freunde und Bekannte weiterempfehlen. Da ich mit den Paaren in der Regel etwa neun Monate lang zusammenarbeite und ich auch als Ansprechpartner für deren Freunde zur Verfügung stehe, habe ich gute Möglichkeiten, mit potenziellen Neukunden ins Gespräch zu kommen und mein Konzept vorzustellen.

Wie sieht Ihre persönliche XING-„Erfolgsstory" aus?
Ich betrachte die Mitgliedschaft als Ganzes als Erfolgsgeschichte, die noch lange nicht zu Ende ist ;-).

So umgehen Sie die „Gatekeeper"

Wenn Sie jemanden in einer großen Firma kontaktieren wollen, stehen Sie häufig vor einem Problem. Oftmals können Sie keine Durchwahlnummern oder direkten Ansprechpartner für bestimmte Bereiche mehr herausfinden, sondern es gibt nur eine einzige Hauptrufnummer. An den Telefonen sitzen dann geschulte „Gatekeeper", die den Auftrag haben, unbekannte Anrufer abzuwimmeln.

Solche Gatekeeper werden unter anderem eingesetzt, um Headhuntern das Leben schwerer zu machen und Verkäufern die Akquise zu erschweren. Selbst Bewerber, die Presse und mögliche Kooperationspartner kommen an diesen Gatekeepern oftmals nicht vorbei. Und sogar Kunden finden es bei manchem Unternehmen schwer, zu einem kundigen Ansprechpartner durchzukommen.

In sehr vielen Fällen bekommt man auf eine Anfrage hin als einzige Information eine E-Mail-Adresse genannt. Über diese können Sie der zuständigen Abteilung dann Ihre Unterlagen oder eine Offerte senden. Über XING haben Sie jedoch sehr gute Möglichkeiten, die Gatekeeper zu umgehen.

Stellen Sie sich vor, Sie wollen einer großen Firma ein Produkt anbieten und bekommen nur die E-Mail-Adresse einkauf @grosse-firma.de genannt. Natürlich können Sie eine Nachricht an diese Adresse schicken, doch die Chance, Ihr Produkt vorzustellen und die entsprechenden Fachabteilungen davon zu überzeugen, bekommen Sie auf diese Weise in der Regel nicht. Lokalisieren Sie aber im XING-Netzwerk einen Ansprechpartner aus dieser Firma und können mit ihm Kontakt über gemeinsame Bekannte oder andere Gemeinsamkeiten herstellen, ist die Wahrscheinlichkeit groß, dass Sie an den gewünschten und für die Produktvorstellung zuständigen Mitarbeiter weitergeleitet werden. Und schon sind Sie am Ziel. Natürlich geht das nicht immer reibungslos, manchmal sind auch mehrere Anläufe notwendig.

Schritt 1: Firma suchen

Finden Sie zunächst über die Mitgliedersuche heraus, ob sich Mitarbeiter der betreffenden Firma im XING-Netzwerk registriert haben. Bei mittlerweile weit über zwei Millionen deutschsprachigen Mitgliedern ist die Wahrscheinlichkeit sehr hoch. Rufen Sie dazu die Mitgliedersuche auf und geben Sie den Firmennamen in das Feld „Firma (jetzt)" ein. Sollte sich kein Treffer ergeben, können Sie zusätzlich eine Suche mit dem Feld „Firma (zuvor)" durchführen. Wer in der Vergangenheit in dieser Firma gearbeitet hat, verfügt ja vielleicht noch über entsprechende Kontakte und kann Ihnen möglicherweise weiterhelfen.

Schritt 2: Gemeinsamkeiten finden

Wie bereits beschrieben, geht es im nächsten Schritt darum, Gemeinsamkeiten zu finden. Dabei nutzen Sie als Erstes den Filter „Kontakte meiner Kontakte", um zu prüfen, ob es Mitarbeiter in der Zielfirma gibt, die einen direkten Kontakt von Ihnen kennen.

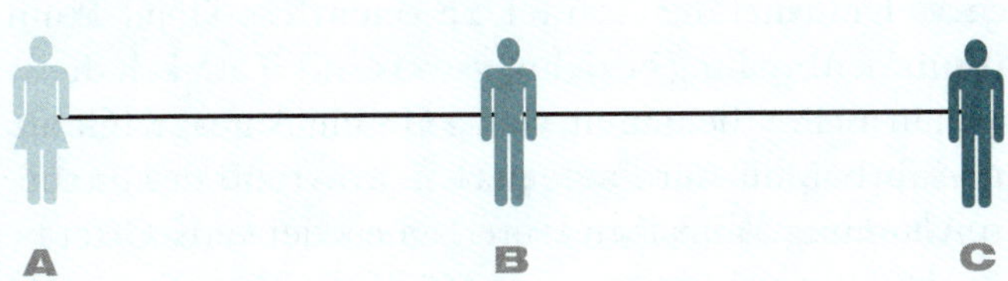

Über einen Kontaktpfad ist es in der Regel leicht, Verbindung aufzunehmen. Voraussetzung dafür ist allerdings, dass Sie den betreffenden gemeinsamen Kontakt gut kennen (siehe Seite 25). Natürlich wissen Sie nicht, wie gut sich der Mitarbeiter der Firma und Ihr direkter Kontakt kennen, das können Sie aber schnell durch eine Nachfrage bei der betreffenden Person herausfinden.

Finden sich keine (ehemaligen) Mitarbeiter Ihrer Zielfirma als Kontakte zweiten Grades, nutzen Sie andere Suchkriterien, um Gemeinsamkeiten zu finden. Gehen Sie dabei so vor, wie zuvor beschrieben (ab Seite 72). Führt keine Ihrer Suchen zum Erfolg, dann richten Sie mit den geprüften Kriterien einen Suchagenten ein. Dazu klicken Sie einfach auf den entsprechenden Button auf der Ergebnis-Seite. Sobald sich ein Mitglied angemeldet hat, das Ihren Suchkriterien entspricht, erhalten Sie eine Benachrichtigung per E-Mail. Mehr über den Einsatz von Suchagenten erfahren Sie im nächsten Kapitel.

Schritt 3: Erstkontakt

Um Kontakt mit einem anderen XING-Mitglied aufzunehmen, gibt es verschiedene Wege. Wie Sie am besten vorgehen, hängt ganz maßgeblich von Ihnen und der gefundenen Gemeinsamkeit ab. Auf jeden Fall sollten Sie sich gut über die Person informieren, ihr Profil studieren und eventuell weitere Informationen im Internet suchen. Natürlich kann es passieren, dass Sie auf Ihre Nachricht keine Antwort bekommen. Vielleicht hat das Mitglied sogar das Empfangen von Nachrichten in seinen Einstellungen unterbunden. Wählen Sie dann einen anderen Weg.

Falls ein Kontaktpfad zu dem betreffenden Mitglied besteht, können Sie zuerst Ihren direkten Kontakt ansprechen und ihn bitten, Sie einander vorzustellen. Vielleicht Ist Ihre Zielperson auch in einer der offiziellen XING-Eventgruppen Mitglied. Dann besteht möglicherweise die Chance, dass Sie sie bei einem offiziellen XING-Event in Ihrer Stadt treffen. Die schnellste Lösung ist jedoch ein direkter Anruf. Da Sie aus dem XING-Profil den vollen Namen und die Abteilung beziehungsweise die Tätigkeit der Person ersehen können, kommen Sie mit ein wenig Geschick gut am Gatekeeper im Unternehmen vorbei. Bei der Frage nach dem Grund des Anrufs antworten Sie beispielsweise: „Wir haben einen gemeinsamen Kontakt bei XING“ oder „Wir sind in der gleichen Organisation“. Vielleicht kommen Sie so nicht immer ans Ziel, Sie können es aber zumindest probieren.

Tipp
Wenden Sie sich bevorzugt an Vertriebsmitarbeiter

Versuchen Sie, mit Mitarbeitern aus dem Vertrieb der Firma in Kontakt zu treten, auch wenn diese nicht direkt zu Ihrer Zielgruppe gehören. In diese Abteilung werden Sie in der Regel ohne Rückfrage vom Gatekeeper durchgestellt. Zusätzlich treffen Sie meistens auf kommunikative Menschen am anderen Ende der Leitung. Und falls Sie ebenfalls im Vertrieb arbeiten, haben Sie schon die erste Gemeinsamkeit, über die Sie sprechen können.

Schritt 4: sich weiterempfehlen lassen

Sie haben durch Ihr Telefonat die Zielperson oder die Abteilung, die Sie in der Firma kontaktieren wollten, schon erreicht? Dann können Sie sich den folgenden Schritt sparen. Ansonsten gehen Sie so vor: Haben Sie die gewünschte Person im XING-Netzwerk nicht entdeckt, dann nutzen Sie einen anderen Mitarbeiter des Unternehmens als „Sprungbrett" zu Ihrem Zielkontakt.

Beachten Sie aber, dass es doch etwas plump wirkt, wenn Sie direkt im zweiten Satz nach dem gewünschten Ansprechpartner fragen. Gehen Sie stattdessen zunächst auf die Gemeinsamkeiten ein und bauen Sie den Kontakt auf. Fragen Sie erst in einer entspannten Gesprächsatmosphäre nach Informationen zu Ihrer Zielabteilung oder -person. Das gilt sowohl für den schriftlichen als auch für den telefonischen oder persönlichen Kontakt.

Sicher führt dieser Weg nicht immer zum Erfolg, verfolgen Sie Ihr Ziel dennoch weiter. Oft erscheinen auf der Trefferliste noch andere Mitarbeiter einer Firma. Bleiben Sie am Ball, früher oder später wird sich eine Tür für Sie öffnen.

Schritt 5: Zielperson kontaktieren

Ob Sie Ihre Zielperson über eine Empfehlung, nach längerer Suche oder durch ein Telefonat gefunden haben, der letzte Schritt ist dank der guten Vorarbeit der leichteste. Sie verfügen über Informationen zu dieser Person und im Idealfall über eine Durchwahlnummer. Rufen Sie jetzt Ihren Zielkontakt an, denn aufgrund der Empfehlung eines anderen oder der Gemeinsamkeiten, die Sie bei Ihrer Recherche herausgefunden haben, fällt Ihnen der Einstieg in das Gespräch sicher leicht.

So funktioniert die automatische Suche mit Suchagenten

Nutzen Sie XING regelmäßig, um neue Kunden oder Dienstleister zu finden? Ist es Ihnen dabei schon passiert, dass Sie die gleichen Suchergebnisse erhalten haben und tatsächlich neue Einträge erst einmal mühsam heraussuchen mussten? Das können Sie in Zukunft von einem automatischen Suchagenten erledigen lassen, Sie müssen ihn nur einrichten. Wie das geht, erfahren Sie jetzt.

Suche ausführen

Zunächst verfeinern Sie Ihre Eingaben bei der erweiterten Suche so weit, dass Ihre Ergebnisliste weniger als 100 Mitglieder umfasst. Fügen Sie also ausreichend viele Kriterien hinzu, wenn Sie zu viele Treffer haben. Sobald Sie eine sinnvolle Trefferzahl erreicht haben, erstellen Sie einen Suchagenten, indem Sie auf den Button „Suchagenten zu dieser Suche einrichten" klicken, den Sie unterhalb der Ergebnisliste finden.

Suchagenten einrichten

Geben Sie anschließend einen Namen für Ihren Suchagenten ein und entscheiden Sie, ob er täglich oder wöchentlich für Sie aktiv werden soll. Von nun an wird Ihr Agent seine Suche im gewählten Intervall ausführen. In entsprechenden Abständen erhalten Sie eine E-Mail, die Sie informiert, dass es neue Mitglieder gibt, auf die Ihre ausgewählten Suchkriterien passen. Wenn ein Mitglied sein bereits länger bestehendes Profil so abändert, dass es auf Ihre Kriterien passt, kann der Suchagent das leider nicht erfassen, Sie werden also ausschließlich über neue Mitglieder informiert.

Gut zu wissen

Die Treffer werden nur einmal aufgeführt

Sinnvollerweise werden die Mitglieder, die Sie bereits vor dem Einrichten des Agenten mit Ihrer Suche gefunden haben, nicht wieder angezeigt. Daher sollten Sie die Ergebnisse Ihrer Suche vor dem Einrichten des Suchagenten auf mögliche interessante Kontakte oder Neukunden hin überprüfen.

Neue Treffer per E-Mail

Neue Mitglieder tauchen in den Suchlisten des Suchagenten jeweils nur einmal auf, sie werden demnach in weiteren Listen nicht erneut aufgeführt. Die Listen, die über einen Link in den Benachrichtigungs-E-Mails aufrufbar sind, bleiben allerdings dauerhaft gespeichert. Sie können sie daher auch später noch in aller Ruhe durchgehen.

Beachten Sie aber, dass sich die Reihenfolge der angezeigten Treffer in den Listen ändern kann. Mitglieder, die zunächst auf der ersten Seite standen, können beim nächsten Aufruf der gleichen Liste auf der zweiten oder dritten Seite erscheinen. Fügen Sie daher bei Mitgliedern, denen Sie geschrieben haben, einen entsprechenden Eintrag in das Notizfeld des jeweiligen Profils ein. So verhindern Sie, dass Mitglieder von Ihnen mehrfach angeschrieben werden, was zu Verärgerung führen könnte.

Suchagenten löschen

Ihre aktiven Suchagenten können Sie unter „Mitglieder", „Suchagenten" jederzeit wieder löschen.

Nutzen Sie das Potenzial der Powersuchen

Unter „Mitglieder", „Powersuche" sind einige interessante Suchlisten aufrufbar, von denen wir Ihnen die Wichtigsten etwas ausführlicher vorstellen. Die Filter dieser Listen sind von XING fest vorgegeben und können nicht angepasst werden (siehe Abbildung auf der nächsten Seite).

„Mitglieder, die mein Profil kürzlich aufgerufen haben"

Wie viele und welche Besucher sehen sich Ihr Profil an? Sprechen Sie sie an oder lassen Sie die damit verbundenen Chancen vorbeiziehen? Betrachten Sie Ihr Profil einmal als Ihr Ladengeschäft. Dann sind die Profilbesucher Kunden, die nicht nur vorbeilaufen, sondern stehenbleiben und in Ihr Schaufenster schauen. Haben Sie schon erlebt, dass ein Ladenbesitzer auf Sie aufmerksam wird, Sie freundlich anspricht und fragt, ob er etwas für Sie tun kann? Was hindert Sie daran, das auch für Ihre Profilbesucher zu tun?

Sehen Sie sich in der Ergebnisliste an, über welchen Weg ein Besucher auf Ihr Profil aufmerksam geworden ist, und schauen Sie das Profil Ihres Besuchers an. Diese Informationen geben Ihnen wichtige und nützliche Anknüpfungspunkte, um eine Nachricht an ihn zu senden oder ihn sogar direkt anzurufen. Nutzen Sie zusätzlich die Möglichkeit, die letzten Profilbesucher auf Ihrer Startseite anzeigen zu lassen. So werden Sie immer wieder daran erinnert, gelegentlich „vor die Tür zu gehen“ und Ihre Besucher anzusprechen.

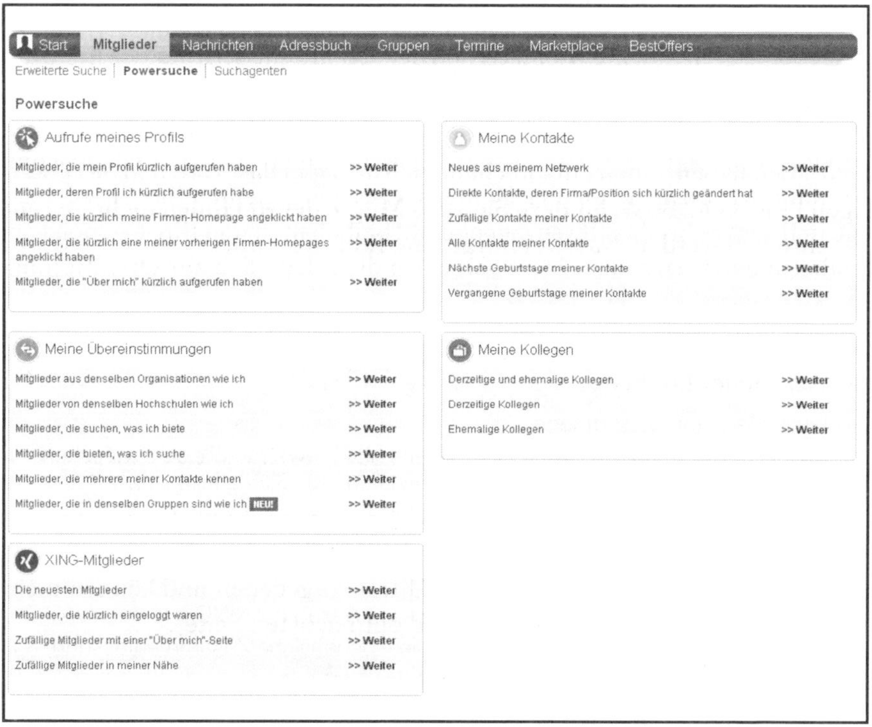

„Mitglieder, die kürzlich meine Firmen-Homepage angeklickt haben“

In der Ergebnisliste zu dieser Powersuche werden Mitglieder aufgeführt, die während der letzten Tage Ihr Profil besucht und dort den Link zu Ihrer Firmen-Homepage angeklickt haben. Es sind also Mitglieder, die sich bereits mit Ihrem Angebot auseinandergesetzt haben. Ziehen wir wieder das Bild mit dem Ladengeschäft heran, gehören diese Besucher zu der Gruppe von Personen, die Ihr Schaufenster so interessant fanden, dass sie auch gleich den Laden betreten und sich intensiver umgeschaut haben.

Die Liste der Mitglieder, die kürzlich Ihre Firmen-Homepage besucht haben, wird leider nach kurzer Zeit gelöscht. Sie zeigt immer nur die Besucher während der letzten Tage. Nutzen Sie daher regelmäßig das Potenzial dieser Liste, lassen Sie sich die damit verbundenen Chancen nicht entgehen. Denn bei diesen Besuchern können Sie in der Regel ein echtes Interesse voraussetzen. Die Zeit, aus Ihrem Profil heraus auf die Homepage zu klicken, nimmt sich nur jemand, der mehr über Sie beziehungsweise Ihr Angebot wissen möchte. Wenn es sich bei den Mitgliedern auf der Liste der „Besucher Ihres Profils" empfiehlt, sie genauer anzuschauen und gegebenenfalls anzuschreiben, ist dies bei Besuchern Ihrer Homepage fast eine Pflicht. Nun folgt ein Musteranschreiben, das Ihnen zeigt, wie ich, Joachim Rumohr, auf Besuche meiner Homepage reagiere. Achten Sie darauf, dass Sie in Ihrem Schreiben Ihren eigenen Stil beibehalten und Ihre eigenen Formulierungen verwenden. Mein Vorschlag dient lediglich zur Orientierung.

Betreff: Ihr Besuch auf meiner Homepage

Guten Tag Frau Mustermann,
Sie haben sich kürzlich meine Internetseite http://www.rumohr.de angesehen, und ich bedanke mich für Ihr Interesse. Konnten Sie einige hilfreiche Tipps und Tricks in Bezug auf XING finden? Bei Fragen dazu können Sie mir gern eine Nachricht schreiben oder mich anrufen. Meine Kontaktdaten habe ich Ihnen hier im XING-Netzwerk freigegeben.
Wenn Sie über zukünftige Tipps und Tricks in Bezug auf XING informiert werden wollen, dann abonnieren Sie gern die wöchentliche Zusammenfassung auf http://newsletter.rumohr.de.
Neben den offenen XING-Seminaren biete ich auch 1:1-Onlineseminare, Einzelcoaching und geschlossene Firmenschulungen an. Alle Informationen dazu finden Sie in meinen Seminarangeboten auf der Seite http://seminare.rumohr.de.
Ich freue mich darauf, wieder von Ihnen zu hören.

Mit freundlichen Grüßen
Joachim Rumohr

Mit einem solchen Schreiben öffnen Sie dem Besucher eine Tür und bieten Ihre Hilfe an. Zusätzlich rufen Sie sich dem Empfänger in Erinnerung und setzen einen Anker für eine tatsächliche Kontaktaufnahme seinerseits. Vielleicht ist der Besucher beim Anschauen Ihrer Seite unterbrochen worden und freut sich, durch Ihre Nachricht einen neuen Einstieg zu finden. Indem Sie ihn anschreiben, bekommt er die Chance, sich erneut und ganz in Ruhe mit Ihrer Seite und Ihrem Angebot zu beschäftigen. Mehr als die Hälfte der so Angeschriebenen reagiert übrigens mit einer Antwort auf eine solche Nachricht.

„Mitglieder, die ‚Über mich' kürzlich aufgerufen haben"

Für die „Über-mich"-Seite gilt das Gleiche wie für die eigene Homepage. Auch hier können Sie davon ausgehen, dass tatsächlich Interesse beim Besucher vorhanden ist, und ihn direkt anschreiben. Achten Sie jedoch darauf, dass Sie niemanden zweimal anschreiben, und warten Sie unbedingt auf eine Reaktion. Ein erneutes Nachfassen kann unter diesen Umständen eher anbiedernd oder aufdringlich wirken. Oder möchten Sie in einem Ladengeschäft immer wieder vom gleichen Verkäufer angesprochen werden, wenn Sie sich offensichtlich nur umschauen und ihm dies bereits zu verstehen gegeben haben?

„Neues aus meinem Netzwerk"

Über diese Suchliste haben Sie bereits alles Wichtige erfahren. Lesen Sie zur Erinnerung noch einmal ab Seite 38 nach, wenn Sie sich nicht mehr ganz sicher sind, was hier möglich ist. Falls Sie diese Ergebnisse nicht in einer Infobox auf Ihrer Startseite sehen wollen, können Sie sie auch über die Powersuche aufrufen.

„Direkte Kontakte, deren Firma/Position sich kürzlich geändert hat"

Diese Suchfunktion sollten Sie ebenfalls regelmäßig anwenden. Ein Firmen- und/oder Positionswechsel ist eine wichtige Information in Bezug auf Ihre Kontakte. In solchen Momenten bietet sich die Möglichkeit an, das eigene Netzwerk zu pflegen, indem Sie der betreffenden Person eine Nachricht mit Glückwünschen zusenden und sich über die Hintergründe des Wechsels informieren. Nicht selten wird durch den Wechsel eine Zusammenarbeit für beide Seiten wieder interessanter, nachdem sie zuvor inaktiv war.

„Nächste Geburtstage meiner Kontakte“ und „Vergangene Geburtstage meiner Kontakte“

Geburtstagsgrüße bekommt jeder gern, und es ist sehr schade um die Chance zur Kontaktaufnahme, wenn Sie den Geburtstag eines guten Kontakts übersehen. Natürlich können Sie die Liste der nächsten Geburtstage regelmäßig aufrufen und kontrollieren, besser ist es jedoch, wenn Sie sich die entsprechende Infobox auf der Startseite einrichten und so die nächsten Termine stets im Blick haben.

Sollten Sie einmal ein paar Tage lang nicht bei XING gewesen sein, nutzen Sie die Funktion „Vergangene Geburtstage meiner Kontakte“. Die meisten Menschen freuen sich auch über einen nachträglichen Gruß. Ergreifen Sie die Gelegenheit, Ihr eigenes Netzwerk zu pflegen, indem Sie eine nette Nachricht schreiben, direkt anrufen oder guten Kontakten vielleicht auch ein kleines Präsent schicken.

„Mitglieder, die suchen, was ich biete“ und „Mitglieder, die bieten, was ich suche“

Mit diesen beiden Powersuchen werden die Stichwörter aus den Feldern „Ich suche“ und „Ich biete“ mit anderen Profilen abgeglichen. Sie erhalten so Listen mit Mitgliedern, die entweder das suchen, was Sie bieten, oder die bieten, was Sie suchen. Damit Sie wissen, welche Begriffe zu dem Treffer geführt haben, werden alle Übereinstimmungen in der Ergebnisliste aufgeführt. Je nach Branche und Ausführlichkeit Ihrer Einträge kann es so zu sehr interessanten und ergiebigen Trefferlisten kommen.

„Mitglieder aus denselben Organisationen wie ich“

Als Mitglied in einem Berufs- oder Fachverband sollten Sie die gängige Bezeichnung dieser Organisation in das entsprechende Feld in Ihrem Profil eintragen. Ansonsten bringt diese Abfrage keine Treffer. Achten Sie auf die korrekte Schreibweise und geben Sie auch die Abkürzung ein. Übereinstimmungen werden nicht gefunden, wenn Sie die Organisation ausschreiben, während alle anderen die offiziell genutzte Abkürzung in ihre Profile eingetragen haben.

„Mitglieder von denselben Hochschulen wie ich“

Die Hochschulen, die Sie besucht haben, sollten Sie in Ihrem Profil ebenfalls vermerken. Tragen Sie eventuell zusätzlich Ihre vorhergehenden weiterführenden Schulen in das Profil ein. Seit 2008 erlaubt XING auch die Gründung von Alumni-Gruppen für alle Schularten.

„Mitglieder, die mehrere meiner Kontakte kennen"

In dieser Liste werden alle XING-Mitglieder aufgeführt, die mehrere Ihrer Kontakte kennen. Dabei handelt es sich mit großer Wahrscheinlichkeit um Personen, die sich in den gleichen Netzwerken aufhalten oder mit den gleichen Zielgruppen arbeiten. Oft kommt es vor, dass man Personen aus diesen Listen bereits kennt und nur noch nicht als Kontakt hinzugefügt hat. Dies können Sie jederzeit nachholen und damit Ihr Netzwerk um wertvolle Kontakte erweitern.

„Derzeitige und ehemalige Kollegen"

Prüfen Sie hier gelegentlich, ob sich derzeitige oder ehemalige Kollegen im XING-Netzwerk neu registriert haben. Sicher freuen sie sich, wenn auch Sie sie willkommen heißen und den alten Kontakt wiederauffrischen.

Im Gespräch

Susanne Krüger stellt sich vor: Seit 2003 bin ich im touristischen Vertrieb tätig und Inhaberin eines Online-Reisebüros mit freien Mitarbeitern an mehreren Standorten.

Seit wann sind Sie Mitglied bei XING?
XING kenne ich seit 2004, aktive Nutzerin bin ich seit 2005.

Wie groß ist Ihr Netzwerk, und was bedeutet Networking für Sie?
Netzwerken fand ich schon immer wichtig, doch als Neu-Hamburgerin (vor über zehn Jahren) fiel mir das zum ersten Mal schwer. Plattformen wie XING und andere Netzwerke, zum Beispiel das Frauennetzwerk „Schöne Aussichten" (www.schoene-aussichten.de), eine bundesweite Gruppe von Unternehmerinnen, erleichtern das Knüpfen von Kontakten. Heute umfasst mein Netzwerk weit mehr als 300 Personen, darunter Kunden, Kooperationspartner, Mitarbeiter sowie fachspezifische Kontakte. Networking ist die Basis meiner unternehmerischen Tätigkeit.

Wie haben Sie Ihr Netzwerk aufgebaut?
Im ersten Jahr bei XING tat sich noch nicht viel. Nach rund acht Monaten habe ich den ersten Adressabgleich genutzt und gestaunt, wer alles

dabei ist. Heute nutze ich viele Bausteine von XING, insbesondere die Profilbesucher, die Gruppen und die Geburtstagsliste.

Wie pflegen Sie Ihr Netzwerk?
Ein Netzwerk ist und bleibt nur dann lebendig, wenn man es pflegt und regelmäßig aktualisiert. Die Suchfunktionen nutze ich regelmäßig, um mein Netzwerk sinnvoll zu erweitern.

Welchen Nutzen ziehen Sie aus Ihrem Netzwerk?
Netzwerke bestehen aus Menschen, die bereit sind zu geben und zu nehmen. Auf dieser Basis entwickelt sich so etwas wie ein Tauschgeschäft – allerdings meistens nicht in einer Zweierbeziehung, sondern eher ringförmig. Der schönste Effekt entsteht für mich in den Momenten, in denen ich genau weiß, wen ich bei einer bestimmten Fragestellung aktivieren kann, weil sie/er die Antwort kennt oder jemanden weiß, der mir oder anderen weiterhelfen kann.

Wie nutzen Sie XING für Ihre Arbeit?
XING ist täglich die Basis meiner Arbeit: Adressbuch, Informationsquelle, Inspiration … Aufgrund meiner Arbeit mit dem Internet bin ich regelmäßig online. So baue ich die Aktivität dort immer wieder in den Arbeitsalltag ein – wie das Abrufen der E-Mails.

Haben Sie einen Tipp zur Nutzung von XING?
Private Nachrichten an Besucher des Profils sind ein gutes Mittel, um Kontakte zu knüpfen – ob mehr daraus wird, ergibt sich im „Gespräch". Die Gruppen sind ein fantastisches Instrument zum Gedankenaustausch. Allerdings bedenken viele Nutzer von Foren nicht, wer alles (auch außerhalb des Forums) die Beiträge liest. Mehr Höflichkeit und lieber private Nachrichten, wenn unterschiedliche Meinungen im Raum stehen, das ist meine Empfehlung.

Wie sieht Ihre persönliche XING-„Erfolgsstory" aus?
XING an sich ist für mich die Erfolgsstory. Es vereinfacht das Netzwerken fantastisch. Viele Menschen, die ich schätze und regelmäßig (mindestens virtuell) treffe, kenne ich über diese Plattform. Der Erstkontakt war mal virtuell, mal real, zusammengefügt hat es sich auf der Plattform.

Tipp

Nutzen Sie Ihr Kontaktpotenzial

Denken Sie stets daran, dass effektives Networking nur mit einem hochwertigen und großen Netzwerk funktioniert. Je mehr gute direkte Kontakte Sie haben, desto größer ist auch die Zahl Ihrer Kontakte zweiten Grades. Ein guter Kontakt ist ein Mitglied, über das Sie selbst mehr sagen können, als in seinem Profil zu lesen ist. Umgekehrt sollten Ihre Kontakte Sie ebenfalls gut kennen. Halten Sie sie deshalb über wichtige Änderungen auf Ihrer Seite, zum Beispiel neue Aufgaben oder Themenschwerpunkte, informiert. Die dargestellten Suchfunktionen bieten immer wieder Gelegenheiten, die Anzahl Ihrer direkten Kontakte zu erhöhen und zugleich die bestehenden Beziehungen zu vertiefen.

5. Nachrichten schicken und empfangen: das interne Mailsystem von XING

Damit Sie und andere Mitglieder Informationen leicht austauschen können, hat XING ein eigenes einfaches Nachrichtensystem im Angebot. Das Senden von Nachrichten an ein anderes Mitglied erfolgt meist mithilfe des entsprechenden Buttons aus dessen Profil heraus. Auch über Ihr Adressbuch können Sie Kontakte direkt anschreiben, indem Sie auf das kleine Brief-Symbol klicken. Wie Sie die Möglichkeiten dieses Systems nutzen, erfahren Sie in diesem Kapitel.

So umgehen Sie eine Nachrichtensperre

Nur Premium-Mitglieder können den Weg über direkte Nachrichten nutzen. Wenn Sie Basismitglied sind, dann nutzen Sie – wie schon beschrieben – einen eventuell im Profil vorhandenen Link zur Internetseite des Mitglieds und nehmen über diesen Weg Kontakt auf. Oder schreiben Sie dem Mitglied einen Eintrag in sein möglicherweise geöffnetes Gästebuch. Das Gleiche gilt, wenn Sie bei dem Versuch, eine Nachricht zu schreiben, die Meldung „Fehler – Das Senden einer Nachricht an diesen Nutzer ist nicht möglich, da der Nutzer den Kontakt über private Nachrichten in seinen Einstellungen untersagt hat“ erhalten. Manchen Mitgliedern ist nicht klar, dass sie mit dem Sperren von privaten Nachrichten in den Einstellungen zur Privatsphäre eine solche Fehlermeldung bewirken.

Bitte beachten: klare Regeln bei XING

Bei XING gelten klare Regeln für das Verschicken von privaten Nachrichten an Mitglieder, die noch kein eigener bestätigter Kontakt sind. Eine Nachricht muss personalisiert sein, das bedeutet, dass eine persönliche Anrede in Form von beispielsweise „Sehr geehrter Herr Müller“ am Anfang stehen muss.

Ferner muss jede Nachricht einen klaren Bezug zum Profil der angeschriebenen Person haben, und sie sollte sich an den Feldern „Ich suche“/ „Ich biete“ orientieren. Nehmen Sie also in jedem Fall auf irgendeinen Eintrag aus diesen Feldern Bezug. Ansonsten kann es passieren, dass sich ein Mitglied über Sie beschwert. Dann prüft XING die betreffende Nachricht im Hinblick auf den eventuell fehlenden Bezug zum Profil oder sonstige mögliche Verstöße. Wird Derartiges festgestellt, kann es sein, dass Sie von XING verwarnt werden. Ein strenges Verbot besteht für Massennachrichten, Multilevel-Marketing (MLM) und andere Arten von Spam. Ein Verstoß dagegen kann zur sofortigen Löschung des Accounts führen.

Auch Sie können Nachrichten, die die obigen Regeln missachten, als Spam oder Missbrauch melden. Neben jeder geöffneten Nachricht befindet sich ein Button für diese Funktion. Wenn Sie ihn anklicken, werden Sie aufgefordert, den Grund für Ihre Meldung anzugeben. Das Support-Team von XING kümmert sich dann darum. Das betreffende Mitglied erfährt nicht, von wem die Meldung gekommen ist und aufgrund welcher Nachricht es eine Abmahnung erhält. Diese Maßnahme wird natürlich nur ergriffen, wenn die Beschwerde tatsächlich begründet ist. Wenn alle Mitglieder sich gegen derartige Verstöße wehren, wird XING frei von unerwünschter Werbung bleiben und werden Spammer sehr effektiv von dieser Plattform ferngehalten.

Im Gespräch

Isabel García stellt sich vor: Ich bin Expertin bei den Themen Reden, Kommunikation und Persönlichkeitstraining. Allerdings arbeite ich nicht nur als Stimmcoach, sondern auch als Sängerin, Sprecherin und Moderatorin.

Seit wann sind Sie Mitglied bei XING?
Ich bin seit Mai 2004 bei XING.

Wie groß ist Ihr aktuelles Netzwerk?
Ich habe bei XING weit über 500 Kontakte, außerhalb von XING sind es noch einmal etwa 1.500. Dazu gehören private Seminarkunden und auch große Unternehmen.

Was bedeutet Networking für Sie?
Das ist für mich das A und O! Gerade in meinem Bereich bucht mich selten jemand, der mich nicht kennt. Wenn mich ein Interessent aber – wie bei XING – über jemand anderen kennt oder über XING Kontakt aufnimmt und wir uns persönlich treffen oder bei einer XING-Live-Veranstaltung kennenlernen können, dann habe ich gute Chancen, ihn als Kunden zu gewinnen.

Wie haben Sie Ihr Netzwerk aufgebaut?
Ich bin erst einmal bei XING eingestiegen und habe dort Freunde, alte Bekannte und Verwandte gesucht. Dann habe ich angefangen, mich langsam mit dem Netzwerk vertraut zu machen. Schließlich habe ich meine Seminare als öffentliche Termine eingetragen, XING-Veranstaltungen moderiert und immer mehr selber gesucht – nach Pressekontakten und potenziellen Kunden. Und ich werde häufiger gefunden, weil ich viel Zeit für mein Profil aufgebracht habe.

Wobei ich noch mehr Kontakte hätte, wenn ich jede Anfrage bestätigen würde. Das tue ich aber nicht, denn ich will echte Kontakte. Mit Leuten, bei denen der Kontakt auch Sinn macht. Das kann unterschiedliche Gründe haben, einen sollte die Person, die angefragt hat, nennen. Und wenn mich jemand zwei Jahre lang als Kontakt „verwaltet" und nie auf meine Nachrichten reagiert, dann entferne ich ihn aus meiner Liste. Letztens erst habe ich knapp 200 Kontakte gelöscht. Ich will Qualität und nicht Quantität.

Wie pflegen Sie Ihr Netzwerk?
Ich schicke regelmäßig Geburtstagsgrüße. Außerdem schreibe ich jeden meiner Kontakte persönlich an. Einerseits um mitzuteilen, was sich bei mir verändert hat, andererseits um zu fragen, was beim anderen passiert. Das mache ich vor allem, wenn ich sehe, dass sich bei einem Kontakt etwas beim Unternehmen oder bei der Berufsbezeichnung geändert hat, dann schreibe ich die Person gleich an.
Mir ist das wichtig: Ich verschicke keine Sammel-E-Mails, sondern schreibe jedem persönlich. Das nimmt zwar viel Zeit in Anspruch, lohnt sich aber. Und ich pflege meine „Notizen" und die „Tags", damit ich weiß, mit wem ich gerade was besprochen habe.
Ich gehe täglich auf die XING-Seiten. Mal halte ich mich länger auf und brauche zwei Tage, um alle Kontakte persönlich darüber zu informieren, dass es ein neues Hörbuch von mir gibt oder dass ich Franchisenehmer suche. Wenn ich das erledigt habe, brauche ich noch ein paar Tage, um die Antworten auf meine Nachrichten zu beantworten. Und dann bin ich vielleicht in den nächsten beiden Wochen jeden Tag nur jeweils zehn Minuten online.

Welchen Nutzen ziehen Sie aus Ihrem Netzwerk?
Ich ziehe hauptsächlich beruflichen Nutzen aus dem Netzwerk. Ich habe sehr viele Aufträge und große Unternehmen über XING an Land gezogen. Persönliche Kontakte pflege ich aber eher nicht über XING. Da rufe ich dann an ;-).

Welche Werkzeuge nutzen Sie für Ihr Networking?
Persönliche Ansprache, reale Treffen und ehrliches Interesse an dem anderen. Ich gebe auch gerne Informationen weiter oder vermittle Perso-

nen. Ich helfe also gerne, ohne im Gegenzug direkt etwas zu verlangen. Denn nur so kann meines Erachtens Netzwerken funktionieren.

In welchen Gruppen sind Sie aktiv?

Ich bin bei „XING live Hamburg“ und „XING Moderation“ aktiv. Ich organisiere einige XING-Live-Specials mit und übernehme auch manchmal die Moderation.

Haben Sie einen Tipp zur Nutzung von XING?

Ich finde es immer sehr wichtig, dass jemand ein Foto hat. Ich will die Person sehen können. Ich finde es allgemein interessant, wenn jemand sein Profil sorgfältig ausgefüllt hat, damit ich mir einen Eindruck verschaffen kann. Die „Über-mich“-Seite lese ich sehr selten, und auch in die Gästebücher schaue ich nie.

Wie sieht Ihre persönliche XING-„Erfolgsstory“ aus?

Ungewöhnlich fand ich den Kontakt zu Herrn Arthur E. Darboven von der Firma J. J. Darboven, den Kaffeespezialisten. Ich habe bei XING nach jemandem gesucht, der mir helfen könnte, eine große Kaffeemaschine für meine Seminare zu finden. Die riesigen Automaten waren mir viel zu teuer, und sie rentieren sich auch nicht für ein kleines Unternehmen; die anderen Maschinen waren aber zu klein.
Ich habe also gesucht und Herrn Darboven höchstpersönlich gefunden. Er schrieb mir zurück, vermittelte mir einen Kontakt, und ich bin bis heute sehr begeistert von der Kaffeemaschine, dem tollen Service und dem leckeren Kaffee ;-).

Gibt es eine Lieblingsfunktion?

Ich mag es, dass ich sehen kann, wer mein Profil angeschaut hat! Und darüber hinaus, wie die Person jeweils auf mein Profil gekommen ist.

Sie haben eine Nachricht: der Posteingang

In den Posteingang gelangen alle von anderen Mitgliedern an Sie gesendeten Nachrichten, Gruppennewsletter und Termineinladungen. In der Regel können Sie aus einer Nachricht heraus, die offen auf dem Bildschirm zu sehen ist, direkt antworten. Bei Termineinladungen und Newslettern steht hingegen keine Antwortfunktion zur Verfügung. Wollen Sie auf Gruppennewsletter reagieren, können Sie dies meistens in einem der Foren tun. Als Antwort auf eine Termineinladung sagen Sie ab oder zu. Das kann in der Einladung direkt mit einem Klick erledigt werden.

Alle noch nicht gelesenen Nachrichten sind fett markiert, nach dem Öffnen einer Nachricht gilt sie als gelesen. Wenn Sie eine Nachricht wieder als „ungelesen" kennzeichnen möchten, weil Sie beispielsweise beim Anschauen unterbrochen wurden, setzen Sie in der Übersicht einen Haken vor diese. Durch Anklicken des Buttons „Als ungelesen markieren" wird sie auf den gewünschten Status zurückgesetzt. Die Funktion „Nur ungelesene Nachrichten anzeigen" empfiehlt sich, wenn Sie viele Nachrichten erhalten und trotzdem den Überblick behalten wollen.

Die Nachrichten im Postein- und -ausgang können Sie beliebig lange aufbewahren, es gibt seitens XING keine maximale Speicherdauer. So haben Sie auch nach Jahren noch Zugriff darauf. Zwar können Sie als Basismitglied selbst keine Nachrichten verschicken, aber Sie können direkt auf eine erhaltene Nachricht antworten. Für Sie ist es daher noch wichtiger, dass Sie alle Posteingänge gespeichert halten, denn so können Sie alle Personen anschreiben, die Ihnen bereits einmal eine Nachricht haben zukommen lassen.

Schützen Sie sich vor unerwünschten Nachrichten

Sie können den Empfang der Nachrichten sowohl von einzelnen Mitgliedern als auch von Nicht-Kontakten sperren. Das kann dann sinnvoll sein, wenn Sie von bestimmten Personen immer wieder belästigt werden oder grundsätzlich nicht von jedem beliebigen Mitglied direkt kontaktiert werden wollen.

Im Untermenü „Einstellungen zur Privatsphäre" im Nachrichtenbereich können Sie bestimmen, welcher Personenkreis Ihnen etwas zusenden darf. Den Empfang von Nachrichten einzelner Mitglieder stellen Sie entweder direkt neben der empfangenen Nachricht im Posteingang oder in der Datenfreigabe des Profils dieser Person ab. Die so blockierten Mitglieder erhalten bei dem Versuch, Ihnen eine Nachricht zu schreiben, einen entsprechenden Sperrhinweis.

So können Sie Textbausteine einsetzen

Wie oft tippen Sie täglich „Mit freundlichen Grüßen“ oder eine andere Abschiedsformel und Ihren Namen? In den meisten E-Mail-Programmen ist es möglich, eine sogenannte Signatur zu erstellen, die dann automatisch am Ende jeder E-Mail eingefügt wird. Bei XING besteht diese Möglichkeit leider nicht. Es gibt jedoch eine nützliche Software, mit der sich bei XING eine Signatur, aber auch beliebige andere Textbausteine auf Knopfdruck in eine Nachricht einfügen lassen. Dabei handelt es sich um das Programm *PhraseExpress*.

Wenn Sie Windows benutzen, sehen Sie nach der Installation dieses Programms ein kleines Symbol in der Taskleiste, über das Sie blitzschnell die Software aufrufen und neue Textbausteine definieren oder einfügen können. Zum Einfügen können Sie aber auch Tastenkombinationen (wie „Strg“ und „G“) definieren oder die Phrase per „Autotext“ eingeben. Dabei wird eine bestimmte, ungewöhnliche Zeichenfolge, zum Beispiel „xxtb“ automatisch durch den ihr zugeordneten Textbaustein ersetzt. Dies ist der schnellste Weg, Textbausteine aufzurufen.

Ihre Signatur

Geben Sie in Ihrer Signatur nicht nur Ihren Namen, sondern noch weitere Informationen an, beispielsweise Ihre Webadresse, Kontaktdaten, Hinweise zur Erreichbarkeit oder eine Info zu einem aktuellen Angebot. Als Gruppenmoderator können Sie hier auch für Ihre Gruppe werben, indem Sie den Link zur Gruppe einsetzen. Die Signatur von mir, Joachim Rumohr, sieht zum Beispiel so aus:

Viele Grüße aus Ellerbek bei Hamburg

Joachim Rumohr
PS: Verpassen Sie keinen XING-Tipp und abonnieren Sie den
http://newsletter.rumohr.de.

XING Tipps & Tricks täglich aktuell: http://www.rumohr.de/blog
Testen Sie Ihr Wissen jetzt im XING-Quiz http://quiz.rumohr.de

Einträge in das Notizfeld eines Profils

Einträge in die Notizfelder der Mitgliederprofile können nur Sie sehen, für andere Mitglieder sind sie unsichtbar. Es bietet sich an, in diesen Feldern festzuhalten, wann ein Kontakt stattgefunden hat. Diese Arten von Einträgen sind immer wieder gleich, daher ist es sinnvoll, sie mit *PhraseExpress* zu automatisieren. Ein solcher Eintrag könnte zum Beispiel „Wegen Homepagebesuch angeschrieben" lauten. Das Datum des Eintrags wird von XING automatisch eingesetzt.

Komplette Nachrichten einfügen

Im vierten Kapitel wurde Ihnen empfohlen, regelmäßig die Besucher Ihrer Firmen-Homepage anzuschreiben. Sicher werden Sie sich nicht immer wieder einen neuen Text dafür ausdenken wollen. Viele Nutzer erstellen sich deshalb Muster in einem Textdokument und kopieren diesen Text dann über die Zwischenablage in eine XING-Nachricht hinein. Mit *PhraseExpress* können Sie solche Standardtexte fest anlegen und inklusive Betreffzeile bei XING einfügen. So benötigen Sie nur einen Bruchteil der Zeit, die Sie ansonsten für eine solche Kontaktaufnahme ansetzen müssten.

Normalerweise füllen Sie erst die Betreffzeile einer Nachricht aus und wechseln dann mit der Tabulator-Taste (oder einem Mausklick) in das Textfeld der Nachricht. Diese Schritte können Sie auch automatisch ablaufen lassen. Wie das vor sich geht und mehr Informationen zum Download von *PhraseExpress* und zu den verschiedenen Versionen, darunter auch die Netzwerkversion, finden Sie im Internet unter der Adresse www.jeder-ist-unternehmer.de/phraseexpress. Darüber hinaus finden Sie dort eine Sammlung von hilfreichen Phrasen, die speziell für den Einsatz bei XING optimiert sind. Diese Datei können Sie entweder importieren oder gegen die standardmäßig mitgelieferte Datei von *PhraseExpress* austauschen und gleich einsetzen.

Beispieltexte für Ihr Networking

Die folgenden Texte sollen Ihnen in diesem Zusammenhang als Anregung dienen. Unter dem zuvor angegebenen Servicelink können Sie die Beispielphrasen, die sie auf der nächsten Seite finden, downloaden. Passen Sie sie bitte auf Ihre individuellen Bedürfnisse und Ihren Schreibstil an, Sie können sie frei nutzen.

Betreff: Ihr Besuch auf meinem Profil
Guten Tag,
Sie haben sich kürzlich mein Profil angesehen und ich bedanke mich für Ihr Interesse.
Gern stehe ich Ihnen für weitere Fragen zur Verfügung.
Bitte antworten Sie ggf. einfach auf diese Nachricht oder rufen Sie mich an. Meine Kontaktdaten habe ich für Sie freigegeben.
Ich helfe Ihnen gern, wenn es mir möglich ist.

Betreff: Ihr Besuch auf meiner Firmen-Homepage
Guten Tag,
Sie haben kürzlich mein XING-Profil besucht und dort auf meine Firmen-Homepage geklickt. Ich bedanke mich für Ihr Interesse.
Welches der aufgeführten Themen interessiert Sie besonders?
In welchen Bereichen kann ich ggf. für Sie tätig werden?
Wie sind Sie auf mich aufmerksam geworden?
Bitte antworten Sie auf diese Nachricht oder rufen Sie mich an. Meine Kontaktdaten habe ich für Sie freigegeben.
Ich helfe Ihnen gern, wenn es mir möglich ist.

Betreff: Sie haben den Kontakt zu mir gelöscht!?
Guten Tag,
ich habe gesehen, dass Sie den Kontakt zu mir gelöscht haben, und würde mich freuen, wenn Sie mir die Gründe dafür kurz mitteilen würden.
Auf jeden Fall wünsche ich Ihnen weiterhin viel Erfolg hier im XING-Netzwerk und stehe für zukünftige Fragen gern zur Verfügung.

6. Adressbuch: Wie Sie Ihre Kontakte verwalten

Die Grundlage Ihres Netzwerks sind bestätigte Kontakte, in Ihrem XING-Adressbuch verwalten und organisieren Sie sie. Zum Thema Kontakte haben Sie ja schon einiges Grundsätzliches im zweiten Kapitel erfahren. Nun geht es darum, wie Sie Ihr Netzwerk pflegen und Ihre Kontakte zielgerichtet managen.

Was ist der Sinn und Zweck von Tags?

Das englische Wort „Tag“ bedeutet so viel wie „Etikett“. Mit den Tags bei XING ordnen Sie einzelnen Kontakten Merkmale zu und können sie so zu Gruppen zusammenfassen. Dieses Vorgehen hilft Ihnen dabei, Ihre Kontakte zu strukturieren und auch bei hunderten oder gar tausenden von Kontakten die Übersicht zu behalten. Als Seminaranbieter geben Sie beispielsweise allen Interessenten das Tag „Seminarinteresse“. Als Eventveranstalter fassen Sie alle Sänger, Tänzer und Zauberer in der Gruppe „Künstler“ zusammen und weisen ihnen das entsprechende Tag zu. Oder Sie bilden mit dem Tag „Kunde“ eine Gruppe all Ihrer im XING-Netzwerk bestätigten Kunden.

Grundsätzlich können Sie Tags nur Ihren direkten Kontakten zuordnen. Das können Sie bei der Kontaktbestätigung, in der Adressbuchübersicht oder im Profil Ihres bestätigten Kontakts vornehmen. Welche Bezeichnungen und Schreibweisen Sie für Ihre Kategorisierung wählen, ist allein Ihre Entscheidung. Die Tags sind nur für Sie sichtbar, bei der Anzahl gibt es keinerlei Einschränkungen. Insbesondere können Sie einen Kontakt auch mit mehreren Tags versehen und ihn auf diese Weise verschiedenen Teilzielgruppen zuordnen.

So setzen Sie Tags

Falls Sie schon über bestätigte Kontakte verfügen, vergeben Sie neue Tags am schnellsten direkt unter „Meine Kontakte“ im Adressbuch. Wählen Sie dazu im Register „Bestätigte Kontakte“ oben rechts die Listenansicht und setzen Sie einen Haken bei „Tags anzeigen“. In die leere Zeile mit der Beschriftung „Persönliche Tags“ unter jedem Kontakt können Sie nun – durch Komma getrennt – beliebig viele Wörter eintragen. Neu vergebene Tags erscheinen danach automatisch in der Übersicht oberhalb Ihrer Kontaktliste. Steht der Cursor im Tag-Eingabefeld, können Sie mithilfe der Pfeiltasten nach oben und nach unten aus der Liste Ihrer bis dahin verwendeten Tags einen Eintrag auswählen. Wenn Sie diesen Weg gehen, vermeiden Sie Schreibfehler und damit verbundene unnötige Dopplungen von eigentlich gleichen Tags.

Nachdem Sie die vorhandenen Kontakte „getaggt“ haben, vergeben Sie von nun an Ihre Tags am besten gleich bei der Kontaktbestätigung, während Sie auch darüber entscheiden, welche Kontaktdaten Sie für den anderen freischalten. Die Tags werden darüber hinaus auch im Profil angezeigt und können dort direkt editiert werden.

So priorisieren Sie Ihre Kontakte

Wer sehr viele bestätigte Kontakte hat, verliert leicht den Überblick. Legen Sie in einem solchen Fall mit Tags fest, welche Ihrer Kontakte Sie regelmäßig kontaktieren möchten, um die Verbindung zu halten. Gruppieren Sie Ihre Kontakte dazu nach Prioritäten, indem Sie sie zum Beispiel als „A-Kontakt", „B-Kontakt" oder „C-Kontakt" kategorisieren. Konzentrieren Sie sich dabei zunächst auf Ihre A-Kontakte und geben Sie diesen ein Tag, damit Sie sie jederzeit auflisten können. Mit dieser Vorgehensweise vermeiden Sie, dass Sie Ihre größten Kunden, Fürsprecher und Multiplikatoren aus den Augen verlieren.

Überlegen Sie sich, wie Sie mit den unterschiedlichen Kontaktgruppen umgehen wollen. Ihre Vorgaben könnten beispielsweise so aussehen: A-Kontakte sollen monatlich angerufen und über neue Informationen sofort benachrichtigt werden. Bei B-Kontakten genügt eine Kontaktaufnahme pro Quartal.

Tag-Gruppen anzeigen lassen

Sobald Sie einem Kontakt ein erstes Tag zugeordnet haben, wird im Adressbuch über Ihren bestätigten Kontakten eine Tag-Übersicht angezeigt. Damit Ihnen die wichtigsten Schlagwörter sofort ins Auge fallen, erscheinen besonders häufig vergebene Tags fett formatiert. Klicken Sie auf ein Tag, so erhalten Sie eine Liste der Kontakte, die Sie zuvor entsprechend charakterisiert haben. Tragen Sie in das Feld „Suche nach Tags:" oberhalb dieser Liste durch Kommas getrennt zusätzliche Tags ein und klicken Sie anschließend auf „Finden", auf diese Weise wird die Trefferliste immer weiter eingeschränkt.

Beispiel: Sie sind PR-Berater, und in Ihren Kontakten befinden sich unter anderem Journalisten und Redakteure. Bei diesen haben Sie allgemeine Tags wie „Presse" kombiniert mit Themenschwerpunkten wie „Technik", „Lifestyle", „Wirtschaft" und „IT" eingetragen. Geben Sie jetzt im Feld „Suche nach Tags:" „Presse" und „Wirtschaft" ein, werden alle Ihre Pressekontakte angezeigt, die an Themen aus dem Bereich „Wirtschaft" interessiert sind.

Gut zu wissen

Tags als Filter bei Termineinladungen

Wenn Sie einen Termin bei XING anlegen, können Sie die einzuladenden Kontakte mittels der von Ihnen vergebenen Tags eingrenzen. Wählen Sie zum Beispiel nach regionalen Kriterien aus. Wie Sie dabei genau vorgehen, erfahren Sie ab Seite 135.

„Unbestätigte Kontakte“

In dieser Liste werden alle Mitglieder aufgeführt, zu denen Sie Kontakt aufgenommen haben, die ihn aber noch nicht bestätigt haben. Diese Liste kann nicht beliebig lang sein, XING hat hier ganz bewusst eine Grenze bei derzeit 50 Kontakten gesetzt. Damit soll verhindert werden, dass massenhaft Kontakte angefragt und gesammelt werden.

Wichtig zu wissen ist, dass Sie keine Meldung bekommen, wenn ein Mitglied Ihre Kontaktanfrage ohne Nachricht ablehnt. Ihre Anfrage bleibt dann so lange in der Liste, bis der Kontakt von der Gegenseite bestätigt wird oder Sie Ihre Anfrage wieder aufheben.

Wie schon beschrieben, braucht eine Kontaktaufnahme nicht extra mitgeteilt zu werden. Spätestens wenn Sie keine neuen Kontakte mehr hinzufügen können, weil Sie die maximale Zahl unbestätigter Kontakte erreicht haben, müssen Sie einige wieder löschen.

„Gemerkte Personen“

Es gibt Situationen, in denen Sie einem Mitglied vielleicht nicht gleich eine Kontaktanfrage schicken möchten. Oder Sie haben ein interessantes Profil gefunden und keine Zeit, sofort eine Nachricht zu schreiben. Eventuell hat auch eine Mitgliedersuche zu so vielen Ergebnissen geführt, dass Sie diese nur Stück für Stück abarbeiten können.

In solchen Fällen bietet es sich an, die Funktion „Person merken“ zu nutzen, die Sie in den Profilen bisher nicht bestätigter Kontakte finden. Nach dem Anklicken des entsprechenden Buttons öffnet sich ein Eingabefeld, in das Sie Ihre Notizen zur Person eingeben sollten. Sie sind nur für Sie selbst sichtbar und dienen Ihnen später als Hinweis, warum Sie sich dieses Mitglied gemerkt haben. Der Eintrag findet sich im Feld „Notiz“ im Profil der gemerkten Person. Welche Personen Sie sich vorgemerkt haben, können Sie jederzeit in der Liste unter „Adressbuch“, „Gemerkte Personen“ nachschauen. Die Liste dieser Personen ist nach Datum der Vormerkungen sortiert.

Kartenansicht

Stellen Sie sich vor, Sie haben einen Termin in einer anderen Stadt und noch Zeit für ein oder zwei weitere kurze Treffen. Welcher Ihrer Geschäftspartner hat sein Büro gleich in der Nähe oder auf dem Heimweg? In der Kartenansicht können Sie sich Ihre XING-Kontakte in *Google Maps* einblenden lassen. Sie erscheinen in Form kleiner Kreise – ähnlich wie Stecknadelköpfe. Bei roten Kreisen ist der genaue Standort bekannt, weil Ihr Kontakt seine Adresse für Sie freigegeben hat, andernfalls wird nur die ungefähre Position in Dunkelgrün angezeigt. Befinden sich mehrere Ihrer Kontakte nah beieinander oder sogar im selben Bürogebäude, ist im Kreis statt einer „1“ die entsprechende Anzahl angegeben. Abhängig davon erscheint beim Klicken auf einen der „Stecknadelköpfe“ entweder eine Auswahlliste der Kontakte oder eine kleine Visitenkarte der betreffenden Person.

Wenn Sie nach der Adresse einer bestimmten Person suchen, benutzen Sie am besten die Funktion, mit der sich standardmäßig nach dem eingegebenen Namen suchen lässt. Sie können als Suchoption auch „Ort“ wählen und zum Beispiel „Köln“ eingeben, um blitzschnell Ihre Kontakte in der Domstadt angezeigt zu erhalten. Zusätzlich können Sie jederzeit nach den Tags filtern, die unterhalb der Karte angezeigt werden, sodass zum Beispiel nur A-Kunden, Interessenten oder Journalisten aufgeführt werden, die Sie zuvor mit dem entsprechenden Schlagwort etikettiert haben. Wie viele Kontakte angezeigt werden und welche Filter gerade aktiv sind, wird oberhalb der Karte angezeigt. Dort können Sie die gesetzten Filter auch wieder aufheben.

Wie bei *Google Maps* üblich, können Sie den Kartenausschnitt vergrößern, verkleinern und verschieben, sowie von der normalen Kartenansicht auf Satellitenfoto- und Gelände-Ansicht umschalten.

Wenn ein vorhandener Kontakt nicht auf der Karte angezeigt wird, kann dies mehrere Gründe haben: Entweder der betreffende Kontakt erlaubt generell keine Visualisierung seiner Adresse auf der Karte und hat dies in seinen Profileinstellungen so festgelegt. Oder das jeweilige Adressfeld enthält widersprüchliche Angaben oder Daten, die nicht korrekt eingetragen wurden und deshalb nicht visualisiert werden können. In einigen wenigen Fällen liegen für das betreffende Land (noch) keine für die Geokodierung erforderlichen Daten vor.

Verschicken Sie Einladungen an Nicht-Mitglieder

Im XING-Netzwerk sind zwar bereits viele Millionen Menschen registriert, doch es wird trotzdem immer wieder Bekannte geben, die Sie hier noch nicht finden. Wollen Sie dieser Person XING vorstellen, damit sie die Vorzüge des Netzwerks kennenlernen kann, laden Sie sie einfach ein. Jedes Nicht-Mitglied, das sich über Ihre Einladung anmeldet, erhält einen Monat Premium-Mitgliedschaft gratis. Und auch Sie profitieren, denn für zehn neue Mitglieder, die über Ihre Einladungen ins Netzwerk gelangen, erhalten Sie ebenfalls einen Freimonat. Gehen die eingeladenen Personen dann noch eine Premium-Mitgliedschaft ein, werden Sie für jede Registrierung mit einem weiteren Freimonat belohnt.

„Ihr persönlicher Einladungslink"

Ihren persönlichen Einladungslink finden Sie unter „Adressbuch", „Einladen", „Persönlicher Einladungslink". Kopieren Sie ihn zum Beispiel in Ihre Signatur und weisen Sie so auf das XING-Netzwerk hin. Personen, die sich über Ihren persönlichen Einladungslink registrieren, werden automatisch zu bestätigten Kontakten.

„Ihr persönlicher Einladungslink (anonym)"

Wollen Sie eine XING-Einladung auf Ihre Internetseite oder in einen Newsletter setzen, dann nutzen Sie besser den anonymen Einladungslink. Für Personen, die sich darüber registrieren, erhalten Sie ebenfalls Freimonate, Sie werden aber nicht sofort als bestätigter Kontakt hinzugefügt.

Einladungsfunktion bei XING

Anstelle eines Links können Sie auch die Einladungsfunktionen von XING nutzen, um jemanden direkt per E-Mail in Ihr XING-Netzwerk einzuladen. Die entsprechende Funktion finden Sie als Button oberhalb der Hauptnavigation oder auch unter „Adressbuch", „Einladen". XING bietet Ihnen an dieser Stelle verschiedene Textvorschläge an, unter anderem eine Einladung in Ihr Kontaktnetzwerk oder ein Schreiben, mit dem Sie XING für die Stellensuche empfehlen können. Die Vorschläge lassen sich vor dem Absenden beliebig anpassen.

Falls Sie die E-Mail-Adressen Ihrer Kontakte in einem Online-Adressbuch, beispielsweise bei GMX, Freenet, *Google Mail* oder T-Online, gespeichert haben, können Sie diese auf einfachem Weg für die Einladungen importieren. XING prüft vor dem Versand anhand der E-Mail-Adressen, ob einzelne Kontakte bereits Mitglied sind. Diese werden dann nicht eingeladen, sondern in einer Liste als vorhandene Mitglieder angezeigt. Eine Anpassung der vorgeschlagenen Einladungstexte ist bei der Übernahme einer Vielzahl von E-Mail-Adressen jedoch nicht möglich. Damit wird die Aussendung von Spam verhindert.

Tipp

Verweisen Sie auf wichtige Informationen

Die Erfahrung hat gezeigt, dass Einladungen ohne ausführlichere Erklärung der Vorteile von XING oft nicht angenommen werden. Wenn Sie Zeit sparen wollen, können Sie in Ihren Einladungen zusätzlich auf die Seite www.jeder-ist-unternehmer.de/wozuxing verweisen; dort sind anhand von Beispielen die verschiedenen Gründe erläutert, warum sich die Mitgliedschaft bei XING lohnt. Zudem finden Interessierte hier Tipps für den Einstieg.

XING-Logos für die eigene Internetseite

Machen Sie außerhalb von XING auf Ihr Profil aufmerksam und erweitern Sie Ihr Netzwerk. Wenn Sie wollen, nutzen Sie dazu einen der vielen Buttons, die im Downloadbereich von XING angeboten werden. Sie können diesen dann in Ihren Blog, Ihre Internetseite oder Ihre E-Mail-Signatur integrieren. Besucher Ihrer Seiten und Empfänger Ihrer E-Mails werden direkt auf Ihre Profilseite geführt, wenn Sie den Button anklicken. Ist das Ihr Wunsch, ist es notwendig, dass Sie die Einstellungen zur Privatsphäre so wählen, dass Ihr Profil auch von Nicht-Mitgliedern aufgerufen werden kann. Ansonsten würde ein Nicht-Mitglied lediglich auf einer wenig ansprechenden Hinweisseite landen.

So funktioniert der Adressbuch-Abgleich

Die meisten neuen Mitglieder suchen direkt nach der Registrierung erst einmal nach Geschäftspartnern, Freunden und Bekannten. Doch vor allem, wenn Sie über einen großen Stamm an Kontakten verfügen, kann dies eine sehr zeitaufwendige Angelegenheit werden. Wesentlich effektiver ist es, wenn Sie die Einträge in Ihrem Adressbuch mit den Profilen im XING-Netzwerk abgleichen. Dabei ist es vollkommen gleichgültig, ob Sie Ihre Kontakte aktuell in *Microsoft Outlook*, einer beliebigen anderen Adressverwaltung, in einer *Excel*-Datei oder einem Online-Adressbuch bei GMX, Freenet, *Google* oder T-Online verwalten. In all diesen Fällen besteht die Möglichkeit, die vorhandenen Kontakte direkt mit XING abzugleichen. Für den Abgleich mit *Microsoft Outlook* gibt es ein Plugin, das Sie zunächst herunterladen und auf Ihrem Rechner installieren müssen. Das Plugin erweitert *Outlook* um solche Funktionen, mit denen Sie Ihre Kontakte in das XING-Netzwerk einladen und bereits bei XING registrierte Kontakte finden können.

Beim Abgleich wird abhängig von Ihren Daten in der XING-Datenbank nach der E-Mail-Adresse oder nach dem Namen und der Stadt gesucht. Die gefundenen Übereinstimmungen werden in Form einer Liste angezeigt, sodass Sie diese Personen direkt als Kontakt hinzufügen können. Bei häufig vorkommenden Namen wie Martin Müller oder Andreas Schmidt, die im XING-Netzwerk mehrere hundert Mal vertreten sind, kann es passieren, dass sie mehrmals aufgelistet werden, weil der gleiche Name in der gesuchten Stadt nicht nur einmal auftaucht.

Sollen mit dem Plugin Kontakte eingeladen werden, sendet es aus *Outlook* alle Kontakte mit einer E-Mail-Adresse an die Plattform und stellt diese unter „Adressbuch“, „Einladen“, „Einladen per E-Mail“ zur weiteren Bearbeitung zur Verfügung. Bevor eine Einladung dann tatsächlich abgesendet wird, prüft XING anhand der E-Mail-Adresse, ob die entsprechende Person bereits bei XING registriert ist. Wird die Adresse gefunden, erscheint eine Anzeige, dass die Person bereits registriert ist, und Sie können den Kontakt direkt bestätigen.

Ein Wort zum Datenschutz: XING garantiert Ihnen, die Daten Ihrer Adressbücher nur zum einmaligen Abgleich zu speichern und anschließend sofort wieder zu löschen. Zum Schutz Ihrer Daten wendet XING stets die aktuellsten Datenschutz- und Verschlüsselungstechnologien an.

So importieren Sie XING-Kontakte in *Outlook*, Ihr Handy oder einen PDA

Mit dem oben bereits für den Adressbuch-Abgleich beschriebenen Plugin von XING steht Ihnen nicht nur die Möglichkeit offen zu prüfen, welche Ihrer Kontakte bereits im XING-Netzwerk zu finden sind, Ihnen steht zudem eine Importfunktion zur Verfügung. Damit können Sie alle Ihre bestätigten Kontakte aus Ihrem XING-Adressbuch per Knopfdruck in *Outlook* oder *Lotus Notes* importieren. Eine Synchronisierung erfolgt jedoch nicht. Wenn Sie den Import der XING-Kontakte ein weiteres Mal durchführen, werden alle Kontakte erneut angelegt. Sofern Sie einzelne Kontakte übernehmen wollen, finden Sie im Profil eines bestätigten Kontakts die Funktion „vCard herunterladen".

Wie Sie im Einzelnen auch vorgehen, Sie bekommen immer nur diejenigen Kontaktdaten auf Ihren Rechner, die von der entsprechenden Person für Sie freigegeben wurden. Wichtig ist auch zu wissen, dass die Freigabe der E-Mail-Adresse Sie nicht berechtigt, Serien-E-Mails oder Newsletter an diese Person zu versenden. Dazu muss eine ausdrückliche Zustimmung des jeweiligen Empfängers vorliegen.

Tipp

Machen Sie sich Notizen zu Ihren Kontakten

Wenn Sie stets auf dem Laufenden sein wollen, nutzen Sie das Notizfeld im XING-Profil Ihrer Kontakte. Tragen Sie dort alles ein, was mit der jeweiligen Person zu tun hat, zum Beispiel wer Kontakt aufgenommen hat, wann wichtige Telefonate oder Begegnungen stattgefunden haben, welche Interessen und Eigenarten Ihren Kontakt auszeichnen. Sobald Sie all Ihre Informationen in *Outlook* weiterpflegen, vermerken Sie das im Notizfeld bei XING. So wissen Sie sofort, dass Sie die bisherigen Notizen in den *Outlook*-Kontakt kopiert haben und sie dort zu finden sind.

XING auf dem Handy, PDA oder dem iPhone

Nicht immer steht unterwegs ein PC mit Internetanschluss zur Verfügung. Daher ist es ein großer Vorteil, dass XING Ihnen mit seiner speziellen Version für mobile Endgeräte den Zugriff auf Ihre Daten über Handy, PDA oder iPhone ermöglicht.

Nutzen Sie außerdem den oben beschriebenen *Outlook*-Abgleich und die Möglichkeit, einzelne Kontakte mittels vCard, dem Austauschformat von *Outlook*, herunterzuladen. So können Sie auf die Daten aus Ihrem XING-Adressbuch auch dann zugreifen, wenn Sie keinen Zugang zum Internet haben.

Wenn Sie sich unterwegs bei XING einloggen wollen, dann geben Sie www.xing.com in Ihr Handy, Blackberry oder PDA ein. Sie werden dann automatisch auf das XING-Mobile-Portal weitergeleitet. Alternativ können Sie http://mobile.xing.com auch direkt eingeben. Die Darstellung des Bildschirms passt sich Ihrem jeweiligen Medium an. Mit der optimierten WAP-Oberfläche stehen Ihnen viele Funktionen von XING auch unterwegs zur Verfügung.

Von der Firma „Opera" gibt es spezielle Browser für Handys, PDA und Smartphones. Damit können Sie die XING-Internetseite komplett aufrufen und alle Funktionen so nutzen, wie Sie es sonst am Rechner oder Laptop tun. Normalerweise erkennt XING, dass Sie die Seite von einem Handy aus aufrufen. In den Einstellungen des „Opera"-Browsers können Sie jedoch festlegen, dass sich Ihr Handy oder der PDA sozusagen als üblicher Desktopcomputer ausgibt. Somit wird die gewohnte XING-Oberfläche übertragen. Weitere Informationen hierzu und einen Download finden Sie im Internet unter der Adresse http://de.opera.com/. Sie können die Software über einen Zeitraum von 30 Tagen testen, bevor Sie auf eine kostenpflichtige Version wechseln müssen.

XING auf dem iPhone

Für das iPhone von Apple gibt es ebenfalls eine speziell angepasste Version der XING-Oberfläche. Dank der besonderen Applikation lässt sich XING mobil über das iPhone so bedienen, wie die Nutzer es gewohnt sind, nämlich ohne Tastatur nur mit dem Finger.

Die Darstellung bleibt in jeder Position des schwenkbaren Screens optimal, und einzelne Ausschnitte des Bildschirms lassen sich zoomen. Über die Adresse http://iphone.xing.de im Internet können Sie XING direkt auf Ihrem iPhone aufrufen. Bevorzugen Sie die normale Ansicht von XING, dann klicken Sie auf der Startseite vor dem Einloggen den Link „Zur Web-Ansicht wechseln" an.

Login mit einem Klick

Über den XING-Mobile-Launcher loggen Sie sich mit nur einem Klick bei XING ein. Dieser Launcher wird Ihnen beim Login auf einem mobilen Endgerät angeboten, auf dem er anwendbar ist. Nach Download und Installation über die XING-Mobile-Homepage klicken Sie einfach auf das XING-Icon im Handymenü. Das Gerät loggt sich automatisch ein, ohne dass Sie Passwort und Benutzernamen noch einmal eingeben müssen. Den Mobile-Launcher gibt es derzeit für mehr als 350 Java-kompatible Endgeräte.

7. Gruppen: Profitieren Sie vom Wissensaustausch bei XING

Im XING-Netzwerk haben Sie Zugriff auf ein gewaltiges, extrem vielfältiges Fachwissen in tausenden von Gruppen. In vielen gibt es Spezialisten, die sich gern an Diskussionen beteiligen und dabei ihr Know-how einbringen. Zudem können Sie sich als Profi in Ihrem Fachgebiet einen Namen als Experte aufbauen, indem Sie Fragen anderer Mitglieder beantworten. Oder Sie moderieren selbst eine Gruppe und tauschen sich mit Gleichgesinnten aus, wenn Ihnen ein Thema besonders am Herzen liegt.

Was ist eine Gruppe?

Im Alltag begegnen wir immer wieder sogenannten schwarzen Brettern. Sie befinden sich in der Regel an öffentlich zugänglichen Stellen in Universitäten, Geschäften oder öffentlichen Gebäuden. Ihr Zweck ist es, dass sich über sie Informationen verbreiten lassen. Oftmals dürfen sie von jedem genutzt und die Beiträge darauf von jedem gelesen werden. Eine vergleichbare Funktion bieten die Gruppen im XING-Netzwerk. Zusätzlich besteht hier die Möglichkeit, auf einen Beitrag zu antworten und so eine Diskussion zu beginnen beziehungsweise einen für alle sichtbaren Wissensaustausch zu betreiben.

XING bietet jedem Mitglied die Chance, eigene Gruppen zu eröffnen und andere Mitglieder zum Austausch einzuladen. Davon wurde bereits reichlich Gebrauch gemacht, so sind tausende Gruppen zu den unterschiedlichsten Themen entstanden.

Neben den für alle offenen Gruppen gibt es Zusammenschlüsse von Mitgliedern, die mit einer sogenannten Freischaltungspflicht verbunden sind. Das bedeutet, dass die Moderatoren entscheiden, wer in der Gruppe Mitglied werden darf. Häufig sind solche „Zugangskontrollen“ in Alumni-Gruppen zu finden oder in speziellen Interessengruppen, zum Beispiel dem „AFTER-WORK-GOLF.net“, in das nur Personen aufgenommen werden, die Mitglied in einem Golfclub sind.

Um zu erfahren, ob in einer Gruppe Freischaltungspflicht besteht, gehen Sie folgendermaßen vor: Wenn Sie den Link zu einer Gruppe anklicken, landen Sie direkt auf der Seite „Über diese Gruppe“. Hier finden Sie auf der rechten Seite die „Einstellungen dieser Gruppe“ und darunter den Eintrag „Teilnahme freischaltungspflichtig“. Steht dahinter ein „Ja“, erhalten Sie nach dem Klick auf den Button „Jetzt Mitglied werden“ Informationen zu den Aufnahmebedingungen. Die geforderten Angaben können Sie direkt in ein Eingabefeld eintragen und damit Ihre Mitgliedschaft beantragen. Ihre Anfrage wird dann an die Moderatoren weitergeleitet und geprüft. Sofern Sie die vorgegebenen Kriterien erfüllen, werden Sie von einem Moderator in die Gruppe aufgenommen, Sie können nun Beiträge lesen und schreiben.

Wie lassen sich interessante Gruppen finden?

Unter den vielen Gruppen im XING-Netzwerk gibt es sicher auch einige, die für Sie wichtig und interessant sind. Vielleicht zweifeln Sie angesichts der Vielfalt daran, dass Sie die für Sie passende Gruppe überhaupt finden, doch das ist recht einfach. Das Wichtigste: Sie müssen sich vorher überlegt haben, was Sie suchen.

Machen Sie sich also vorab Gedanken darüber, mit welcher Zielsetzung Sie sich an einer Gruppe beteiligen wollen. Wollen Sie zum Beispiel Antworten auf drängende Fragen erhalten, eigenes Wissen weitergeben, Kunden oder Kollegen finden oder sich einfach nur mit Gleichgesinnten austauschen? Sobald Sie sich über Ihre Ziele in diesem Bereich im Klaren sind, können Sie loslegen.

Wenn Sie im Menü „Gruppen" auf „Alle Gruppen" klicken, öffnet sich eine alphabetische Übersicht der vorhandenen Gruppen-Kategorien. In einigen davon finden Sie hunderte einzelner Gruppen. Wenn Sie noch gar keine Idee haben, welche Gruppe für Sie überhaupt interessant sein könnte, dann schauen Sie einfach einmal die Liste durch, die sich hinter der für Sie passenden Kategorie verbirgt. Wissen Sie schon ein bisschen genauer, worauf Sie mit Ihrer Gruppenaktivität aus sind, ist es effektiver, auch hier die Suchfunktion zu nutzen. Oft ist das gewünschte Thema bereits Bestandteil des Gruppennamens und Sie können die für Sie interessanteste Gruppe schnell finden.

Kommen Sie über diesen Weg zu keinem Ergebnis, dann wählen Sie die Variante der Suche in Artikeln. Bei dieser Vorgehensweise können Sie bestimmte Fachbegriffe eingeben. Beispielsweise finden Sie mit der Eingabe des Wortes „iPod" die Gruppe „Apple Macintosh – Think different.". Ebenso können Sie über diesen Weg schnell Beiträge aus Diskussionen finden, die mit einem bestimmten Begriff verbunden sind. In der Ergebnisliste zum Suchbegriff „iPod" zum Beispiel stoßen Sie unter anderem auf die Gruppen „Audiobooks/Hörbücher", „Laufen/Marathon/Triathlon/Adventure/Racing" und „Podcasting".

Diese Suche hilft auch, wenn Sie sich dazu entschieden haben, dass Sie Ihr Expertenwissen zu einem bestimmten Thema einbringen möchten. Suchen Sie immer wieder einmal nach den infrage kommenden Begriffen. Anhand der Ergebnisse können Sie sich in den verschiedensten Gruppen einbringen, sobald Ihre Themen dort diskutiert werden. Tipp: Damit Sie immer die neuesten Beiträge finden, klicken Sie rechts oberhalb der Ergebnisliste den Button für die Funktion „Suchergebnis nach Datum (absteigend) sortieren" an.

Im Gespräch

Uwe Hiltmann, Internet-Unternehmensberater, stellt sich vor: Ich bin Spezialist für Suchmaschinen-Optimierung und Referenzen-Marketing®. Darüber hinaus helfe ich Unternehmen, ihre (Online-)Werbekosten nachzuvollziehen und zu optimieren.

Seit wann sind Sie Mitglied bei XING?
Mitglied bin ich seit März 2005, etwa seit Mitte 2006 nutze ich XING auch beruflich.

Wie nutzen Sie XING für Ihre tägliche Arbeit?
Ich bin rund um die Uhr online und nutze XING täglich für die Kontaktpflege und den Auf- und Ausbau von Kontakten.

In welchen Gruppen sind Sie aktiv?
Hauptsächlich bin ich in Regionalgruppen (offline) aktiv, und meine Erfahrung als Projektleiter wird hier wieder einmal bestätigt: Wenn man Menschen, die zukünftig an einem Projekt zusammenarbeiten werden, zum Projekt-Start persönlich zusammenbringt, damit sie sich kennenlernen können, wird das gemeinsame Vorhaben viel reibungsloser ablaufen.
Diese Erfahrung ist übertragbar auf die XING-Regional-Gruppentreffen: Hier lernen sich Menschen persönlich kennen, unterhalten sich und erfahren etwas über einander, zum Beispiel, ob die Chemie zwischen ihnen stimmt. Das unterstützt auch die Arbeit in den XING-Gruppen, da die Bindung zwischen den Teilnehmern viel intensiver ist, als wenn sie nur online miteinander zu tun hätten. So sind für mich interessante Bekanntschaften entstanden. Und nach einiger Zeit kann ich jetzt auch die ersten vertrieblichen Erfolge verzeichnen.
Online bin ich gerade dabei, mich mehr in einigen für mich interessanten Gruppen – „Internet und Recht", „Internet-Marketing", „Kampfkünste", „Suchmaschinenoptimierung", „Webdesign und Usability" und diverse Regional-Gruppen – einzubringen.

Wie haben Sie diese Gruppen gefunden?
Die Gruppen habe ich in den meisten Fällen nicht aktiv gesucht, sondern über meine Kontakte gefunden: Bei Kontakten, die für mich interessant sind, habe ich auch immer wieder nachgeschaut, in welchen

Gruppen sie vertreten sind. Dann habe ich mir das jeweilige Gruppen-Profil und – wenn freigegeben – auch die Foren und Beiträge angeschaut. Wenn ich gemerkt habe (das berühmte „Bauchgefühl"), dass eine Gruppe zu mir passt, habe ich mich angemeldet.

Haben Sie einen Tipp zur Nutzung von XING?
Ich habe durch eine Änderung des Eintrags beim Firmennamen die Klickrate auf mein Profil vervielfacht. Das ist mir gelungen, indem ich den größten Kundennutzen hinzugefügt habe, den ich biete: „Ich bringe Sie in *Google* auf 1!" Darüber hinaus finde ich es auch sinnvoll, das Feld „akademischer Grad" dazu zu benutzen, einen packenden Slogan unterzubringen.

Was ist der Kern Ihrer persönlichen XING-„Erfolgsstory"?
Wichtig ist, dass man nicht (nur) ans Geschäft denkt, wenn man auf eine XING-Veranstaltung geht. Das Persönliche sollte im Vordergrund stehen, das Geschäftliche ergibt sich dann eher nebenher. Ich habe auf den XING-Live-Treffen schon sehr nette Menschen kennengelernt. Aus den Kontakten entwickeln sich so langsam Beziehungen, die Freundschaften ähneln.

Gibt es eine Lieblingsfunktion in XING?
1. Die Anzeige der Geburtstage meiner Kontakte ist hervorragend, da ich mir die vielen Daten einfach nicht merken kann. Ich bin schon froh, wenn ich die Geburtstage meiner Freundin und meiner Nichten nicht vergesse.
2. Bei der Powersuche nutze ich die Funktion „Mitglieder, die mein Profil kürzlich aufgerufen haben".

Eine weitere gute Möglichkeit, interessante Gruppen zu finden, bieten auch die Profile Ihrer Kontakte oder anderer Mitglieder im XING-Netzwerk. Unten rechts im Profil wird jeweils eine Übersicht der Gruppen angezeigt, in denen eine Mitgliedschaft besteht, sofern diese Anzeige vom Mitglied nicht deaktiviert wurde. Wenn Sie sich die Gruppennamen anzeigen lassen wollen, bewegen Sie den Cursor über eines der kleinen Gruppenlogos und warten einen Moment. Etwas verzögert öffnet sich ein kleines Feld, in dem der Gruppenname angezeigt wird.

Gut zu wissen

Aktivste, größte und neue Gruppen

Am unteren Ende der Seite, die Sie über das Untermenü „Meine Gruppen" erreichen, finden Sie verschiedene Infoboxen. Dort werden die gerade aktivsten Gruppen nach Anzahl der geschriebenen Artikel, die größten Gruppen nach Anzahl der Mitglieder und die aktuell neuen Gruppen aufgelistet. Schauen Sie sich einmal in einer der größten Gruppen um, zum Beispiel in der von dem Autor Andreas Lutz moderierten Gruppe „Existenzgründer & Selbstständige / powered by www.gruendungszuschuss.de", um. So gewinnen Sie schnell einen Überblick, wie erfolgreiche Gruppen aufgebaut sind und welche Funktionen sie bieten.

So gehen Sie vor, wenn Sie sich aktiv in Gruppen beteiligen wollen

In den meisten Gruppen im XING-Netzwerk dürfen Artikel nur von den Mitgliedern geschrieben werden. Wer in eine Gruppe aufgenommen wird, entscheiden grundsätzlich die jeweiligen Moderatoren. Da man in der Regel jedoch ohne Freischaltung durch sie nur mit einem Mausklick in einer Gruppe Mitglied werden kann, ist das kein unüberwindbares Hindernis. Sie können gleich durchstarten.

Wenn Sie zum Beispiel eine Fachfrage stellen wollen, schreiben Sie aber nicht einfach drauflos. Prüfen Sie zunächst mit der Suchfunktion in den Beiträgen der Gruppe, ob Ihre Frage eventuell bereits beantwortet wurde. Geben Sie dazu einfach einen Fachbegriff aus Ihrer Frage bei der Suche in den Artikeln ein. Falls Sie keine entsprechende Antwort finden, dann verfassen Sie einen neuen Artikel, in dem Sie Ihre Frage formulieren. Schauen Sie nach, welche Foren es in der gewählten Gruppe gibt, und wählen Sie dann das passende für Ihren Beitrag aus. Die Angaben hierzu finden Sie unter dem Reiter „Foren".

Die einzelnen Foren innerhalb der Gruppe (auch „Bretter" genannt) werden von den Moderatoren angelegt und mit einem kurzen Beschreibungstext erläutert. Daneben sind in der Forenliste jeweils die Anzahl der Artikel in dem jeweiligen Forum sowie Betreff, Autor und Datum des letzten Beitrags angegeben. Die Anzahl der Artikel und das Alter des letzten

Beitrags sind gute Indikatoren für die Aktivität im jeweiligen Forum. Das erste Forum ist häufig eine „Vorstellungsrunde", in der Sie als neues Mitglied die Möglichkeit haben, sich kurz zu präsentieren und zu erklären, was Sie sich von der Mitgliedschaft erhoffen. Nicht jeder Leser wird auch gleich Ihr Profil studieren wollen; deshalb nennen Sie ruhig einige inhaltliche Bezugspunkte, die den Leser vielleicht neugierig machen, mehr über Sie zu erfahren. Die weiteren Foren sind in der Regel thematisch geordnet, wobei den Moderatoren Zwischenüberschriften zur Verfügung stehen, um die Liste besser zu strukturieren.

Wenn Sie nun eines der aktiveren Foren anklicken, erhalten Sie die Übersicht der in diesem Forum bereits geschriebenen Artikel. Statt von „Artikel" spricht man auch von „Diskussionen" oder „Threads" (Diskussionsfäden) – wenn auf einen Artikel geantwortet wird, entsteht eine Diskussion. Zu jeder einzelnen ist angegeben, wie oft sie aufgerufen wurde und wie viele Antworten auf den ursprünglichen Beitrag eingegangen sind. Wenn mindestens einmal geantwortet wurde, erscheinen Datum, Uhrzeit und Autor des jeweils neuesten Beitrags in der Liste. So können Sie sich schnell einen Überblick über die aktivsten Artikel beziehungsweise Diskussionen verschaffen.

Hilfreich ist dabei übrigens auch die Sortierung der Artikel, über die Sie in der Kopfzeile der Liste entscheiden können: Wenn Sie die Diskussionen nach dem Datum ihres letzten Beitrags sortieren, finden Sie die aktiven ganz oben. Alternativ können Sie die Diskussionen nach dem Datum ihres ersten Artikels ordnen, also chronologisch nach dem Entstehungsdatum der Diskussion.

Oben rechts und unterhalb der Ergebnisliste finden Sie die Funktion „Neuen Artikel in diesem Forum schreiben". Wenn Sie diese anklicken, können Sie eine neue Diskussion beginnen. Es öffnet sich ein Textfeld, in das Sie Ihren Beitrag einfügen können. Achten Sie darauf, dass Sie bereits in der Betreffzeile klar definieren, worum es in Ihrem Artikel geht. Holen Sie keine konkreten Informationen ein, sondern wollen Sie eine Diskussion anregen oder Gleichgesinnte finden, geht es vor allem darum, die Neugier der Leser zu wecken, zum Beispiel mit einer interessanten Formulierung im Betreff. So erhöhen Sie die Zahl der Klicks auf Ihren Beitrag und damit die Chance, eine befriedigende Antwort zu erhalten. Wie Sie eine eindeutige Betreffzeile formulieren, zeigen Ihnen die folgenden Beispiele.

Beispiel: Sie haben ein Problem mit Ihrem Windows-Rechner und suchen nach Hilfe. Bei Ihrer Recherche stoßen Sie auf die Gruppe „PC Hilfe und Support“ und hier auf das Unterforum „Windows Probleme“. Um Antworten auf Ihre Fragen zu bekommen, schreiben Sie einen neuen Artikel und stellen ihn ein.

Als Betreffzeile wäre in einem solchen Fall die Formulierung „Problem mit Windows“ vorstellbar. Doch da Sie sich bereits im Unterforum zu ebendiesem Thema befinden, ist sie für den potenziellen Helfer nicht sehr aussagekräftig. Beschreiben Sie Ihr Problem schon an dieser Stelle, indem Sie eine konkrete Frage stellen, zum Beispiel: „Wie kann ich ein Programm minimiert starten?“ So werden nur diejenigen Leser im Forum sich mit Ihrem Artikel genauer befassen, die eine Antwort auf Ihre Frage wissen oder die später einmal vor dem gleichen Problem stehen und sich ebenfalls für die Lösung interessieren.

Beispiel: In der Gruppe XING Live Hamburg wurde vor kurzem eine Diskussion im Forum Kontroverses und Smalltalk mit dem Betreff „Wie viel Mühe kostet ein Kuss?“ gestartet. Im Zusammenhang mit dieser Diskussion gab es innerhalb kürzester Zeit ungefähr 4.000 Aufrufe und mehr als 100 Antworten. Dieses Beispiel zeigt sehr deutlich, was ein gut gewählter Titel bewirken kann. In dem Artikel selbst ging es eigentlich um Wohnkosmetik und die entsprechende Dienstleistung, die von der Artikelschreiberin angeboten wird. Sie hat es jedoch ausgesprochen gut verstanden, mit dem Betreff und dem Text eine Diskussion anzuregen. Immer wieder wurde geantwortet, und der Beitrag mit dem neugierigmachenden Betreff tauchte ständig im Artikelticker der Gruppe auf – was noch weitere Leser und Diskussionsteilnehmer anlockte.

Auch für Sie gilt: Lassen Sie in Ihren Artikel möglichst so viele Informationen einfließen, dass jeder Leser etwas mit dem Geschriebenen anfangen kann. Formulieren Sie so klar und eindeutig, dass Rückfragen unnötig sind, denn damit sparen Sie sich und anderen unnötigen Aufwand.

Nehmen Sie sich für das Verfassen Ihres Beitrags also ausreichend Zeit. Bevor Sie ihn endgültig absenden, wählen Sie per Mausklick die Option aus, dass Sie über Antworten zu Ihrem Artikel per E-Mail informiert werden. So müssen Sie nicht ständig überprüfen, ob schon jemand etwas zu Ihrem Beitrag geschrieben hat, und können sofort reagieren und sich zum Beispiel bedanken oder genauer nachfragen, wenn jemand gerade auf Ihre Frage geantwortet hat.

Gut zu wissen

Antwort auf Artikel versus neue Artikel in diesem Artikelbaum

Bei der eben beschriebenen Funktion können Sie zwischen zwei Benachrichtigungsarten auswählen. Wenn Sie die Variante „bei Antwort auf diesen Artikel" anklicken, bekommen Sie nur dann eine E-Mail, wenn jemand direkt unterhalb Ihres Artikels auf „Antworten" geklickt hat. Wählen Sie hingegen „bei neuen Artikeln in diesem Artikelbaum", erhalten Sie bei jedem neuen Beitrag, der nach Ihrem zu diesem Thema geschrieben wird, eine Nachricht. Da viele Mitglieder einfach am Ende einer Diskussion beim letzten Beitrag auf „Antworten" klicken, sollten Sie sich immer für die Option „bei neuen Artikeln in diesem Artikelbaum" entscheiden, um auf dem Laufenden zu bleiben.

Wie Sie Ihre Beiträge ändern oder löschen

Nachdem Sie Ihren Beitrag abgesendet haben, bleiben Ihnen drei Tage Zeit, um ihn noch einmal zu verändern. Jede Überarbeitung wird automatisch mit einem entsprechenden Vermerk unter der eigentlichen Nachricht versehen, in dem auch Datum und Uhrzeit der letzten Änderung aufgeführt sind. So können andere Mitglieder erkennen, dass ein Artikel nachträglich bearbeitet wurde und wann dies erfolgte. Es empfiehlt sich außerdem, dass Sie (ob als Ersteller des Beitrags oder als Moderator) dazuschreiben, was an einem Beitrag verändert wurde.

Falls Sie einen Beitrag komplett wieder löschen oder später als nach drei Tagen bearbeiten wollen, so müssen Sie sich an den/die Moderator/en der Gruppe wenden. Sie können jederzeit Artikel ändern oder entfernen oder sie in andere Foren derselben Gruppe verschieben. Änderungen von Moderatoren werden ebenfalls automatisch mit einem Vermerk versehen. Bitten Sie nur in wichtigen Fällen um solche nachträglichen Änderungen und schicken Sie stets den Link auf den entsprechenden Beitrag mit, ansonsten werden sich die Moderatoren verständlicherweise recht bald weigern, Änderungen vorzunehmen.

Abonnements: Informieren Sie sich regelmäßig über neue Beiträge

Auch wenn Sie selbst gar keinen Beitrag schreiben, bietet Ihnen XING die Möglichkeit, dass Sie automatisch über neue Artikel in den von Ihnen gewählten Gruppen informiert werden. Sie können dabei entscheiden, ob Sie die Neuigkeiten zu einzelnen Themen oder in ganzen Foren verfolgen wollen. Wenn Sie alle neuen Artikel in Foren einer Gruppe abonnieren wollen, setzen Sie einen Haken bei „Artikel dieses Forums abonnieren". Diese Funktion finden Sie rechts oberhalb der Artikelliste, wenn Sie auf die Seite eines Forums geklickt haben.

Abonnieren Sie aber nicht zu viel. In manchen Foren wird viel geschrieben und dadurch kann Ihr Posteingangsfach schnell sehr voll werden. XING versendet alle 20 Minuten automatische Benachrichtigungen und fasst darin sämtliche neuen Beiträge aus den abonnierten Foren zusammen. So können in sehr aktiven Foren täglich bis zu 72 E-Mails zusammenkommen. Prüfen Sie daher immer wieder, welche Inhalte Sie wirklich interessieren, und bestellen Sie die Abonnements, die Sie doch nie nutzen, wieder ab.

Der Gruppennewsletter

Moderatoren einer Gruppe haben die Möglichkeit, Informationen über sie betreffende Themen in Form eines Newsletters an alle Gruppenmitglieder zu verschicken. Diese Newsletter können Sie als Mitglied einer Gruppe jederzeit abbestellen. Dazu finden Sie auf der Gruppenstartseite die Funktion „Newsletter für diese Gruppe abbestellen". Auch am Ende eines jeden Newsletters finden Sie einen direkten Link zum Abbestellen. Es ist jedoch empfehlenswert, zunächst einmal den ersten Newsletter zu lesen und erst dann zu entscheiden, ob Sie auf die Informationen darin verzichten wollen. In den Foren finden Sie ganz unten den Punkt „Newsletter-Archiv", über das Sie auf alle bereits versandten Newsletter der Gruppe zugreifen können. Falls es dieses Forum nicht gibt, wurde in dieser Gruppe noch nie ein Newsletter verschickt.

Das Internet vergisst nicht!

Achten Sie beim Schreiben Ihrer Artikel darauf, dass Sie niemanden diskriminieren, persönlich angreifen oder falsche Anschuldigungen aussprechen. Ständiges Nörgeln und Beschwerden in allen Beiträgen fallen ebenfalls eher negativ auf. Bedenken Sie, dass im Internet nichts verlorengeht und Informationen jahrelang gespeichert bleiben. Artikel, die während der Anfangszeiten des Internets geschrieben wurden, sind noch heute abrufbar. Im Unterschied zu anderen Diskussionsforen sind bei XING zudem alle Beiträge mit Ihrer Person verknüpft. Dieses Wissen machen sich Personalberater zunutze. Sie recherchieren im Internet, welche Informationen über neue Bewerber vorhanden sind. Und wer will schon jemanden einstellen, der zum Beispiel alles nur schlechtmacht oder Kollegen verleumdet?

Wir wollen deshalb unseren bereits zuvor gegebenen Hinweis noch einmal in verschärfter Form wiederholen: Überlegen Sie bei allem, was Sie öffentlich in den Gruppen und im Internet schreiben, sehr gut, was Sie tun. Würden Sie den gleichen Text auch auf eine riesengroße Plakatwand schreiben, die für alle sichtbar an einer stark befahrenen Straße in Ihrem Heimatort aufgestellt ist? Natürlich wären die Buchstaben so groß, dass der Text schon aus 500 Metern Entfernung gut lesbar wäre, und darunter stünden in derselben Größe Ihr voller Name und ein aktuelles Foto. Diese Plakatwand würde übrigens nie überklebt und stünde dort auch noch, wenn die Straße schon längst nicht mehr befahren würde. Wenn Sie bei dieser Vorstellung zögern und zweifeln, dann formulieren Sie Ihren Beitrag besser neu oder verwerfen den Text ganz.

Achten Sie auf den Datenschutz

Der Moderator entscheidet, ob die Beiträge eines Forums auch außerhalb von XING aufrufbar sind. Die von ihm gewählte Einstellung hierzu finden Sie auf der „Über-diese-Gruppe"-Seite bei dem Eintrag „Artikel lesen". Ist hier „Alle" eingetragen, können die Beiträge der Gruppe auch von Suchmaschinen durchsucht werden. Die Ergebnisse werden dann öffentlich im Internet dargestellt. Denken Sie in diesem Fall unbedingt an den Datenschutz und achten Sie darauf, dass keine persönlichen Daten oder Kontaktdaten von Personen, von denen Sie keine Zustimmung dazu haben, in Ihren Artikeln enthalten sind.

Machen Sie sich auch noch einmal klar, dass laut AGB von XING persönliche Nachrichten nicht einmal auszugsweise und schon gar nicht komplett in Beiträge für eine öffentliche Gruppe kopiert werden dürfen. Diese Regel dient nicht nur dem Datenschutz, sondern auch dem Schutz der Privatsphäre. Bedenken Sie darüber hinaus, dass eine Gruppe jederzeit vom Moderator geöffnet werden könnte, ohne dass Sie darüber automatisch benachrichtigt werden. So wird alles sichtbar, was geschrieben wurde, selbst wenn er nur einen Fehler bei den Einstellungen zur Gruppe gemacht hat.

Wie Sie eine eigene Gruppe gründen

Mit einer XING-Gruppe lässt sich eine eigene Community professionell aufbauen, verwalten und weiterentwickeln. Sie schaffen damit ein individuelles Netzwerk, das Teil des großen und globalen XING-Mitgliedernetzwerks ist. Damit erhöhen Sie auf effizientem Weg die eigene Präsenz bei Ihrer Zielgruppe. So moderiert die Karrierefachfrau Svenja Hofert die Gruppe „Karriere & Entwicklung“ mit über 2.000 Mitgliedern, der Hamburger Eventspezialist Jürgen Henke gründete die „Eventwerker“ und versammelte so ebenfalls bisher über 2.000 Spezialisten aus der Branche. Das Magazin „brand eins“ hat in der gleichnamigen Community bereits fast 35.000 Fans vereint. Übrigens entstehen durch eine Gruppengründung keinerlei Kosten.

Prüfen Sie zunächst, ob Ihr Thema bereits in einer Gruppe behandelt wird. Selbst wenn das der Fall ist, steht es Ihnen frei, eine weitere Gruppe zu eröffnen. Überlegen Sie sich, was sinnvoller für Sie ist. Wollen Sie sich an der bestehenden Gruppe beteiligen und davon profitieren, dass sie bereits viele an einer solchen Diskussion interessierte Mitglieder hat? Oder wollen Sie selbst als Gruppenmoderator aktiv werden und die damit verbundene Arbeit auf sich nehmen? Bedenken Sie, dass die Moderation einer Gruppe je nach Mitgliederzahl eine ganze Menge Zeit kostet. Am Anfang muss die Gruppe bekanntgemacht werden, und Sie verschicken die ersten Einladungen.

Verfügen Sie bereits über ein eigenes Netzwerk, in dem viele Kontakte als Gruppenmitglieder infrage kommen, ist es sicherlich viel leichter, einen Anfang zu machen, als wenn Sie erst neue Mitglieder aus dem XING-Netzwerk ansprechen müssen. Wenn Sie sich mit einem spannenden Thema wie Internet-Marketing oder Projektmanagement befassen, das viele XING-Mitglieder anspricht, werden sich bestimmt schneller neue Mitglieder finden lassen, als wenn es um sehr spezielle Themen wie Kunststoffspritzguss oder Truckprofis geht. Sobald dann die Mitglieder in der Gruppe miteinander diskutieren, sind Sie als Moderator weiterhin gefordert. Sie müssen bei Streitigkeiten eingreifen und darauf achten, dass die Forenregeln und der Code of Conduct für Moderatoren eingehalten werden.

Außerdem sind Sie dafür zuständig, Ihre Gruppe thematisch in der Spur zu halten, damit sie kein Tummelplatz für alle möglichen Diskussionen und Themen wird.

Nicht zugelassen sind Gruppen zu politischen, religiösen und pornografischen Themen sowie zu Themen, die gegen geltendes Recht verstoßen. Ebenso werden solche Anträge grundsätzlich abgelehnt, die der Verbreitung von Multilevel-Marketing (MLM) dienen.

„Code of Conduct" für Moderatoren

Wer bei XING eine Gruppe leiten möchte, erklärt sich schon bei der Beantragung der Gruppe bereit, den Code of Conduct für Moderatoren zu beachten. Darin sind die Verhaltensregeln für XING-Moderatoren detailliert aufgeführt. Sie stellen eine verbindliche Vereinbarung zwischen XING und dem Moderator dar und sollen dazu führen, dass die Mitglieder bei XING verantwortungs- und respektvoll miteinander umgehen.

Eine Missachtung der Richtlinien kann dazu führen, dass einer Person die Moderationsrechte entzogen werden oder dass sie aus dem Netzwerk ausgeschlossen wird. Solche Fälle hat es in der Vergangenheit schon gegeben, wenn ein Moderator sich beispielsweise nicht mehr um seine Gruppe gekümmert hat, Anfragen der Mitglieder dauerhaft unbeantwortet blieben oder die Newsletterfunktion von Moderatoren stetig für Eigenwerbung missbraucht wurde.

Unter anderem ist im Code of Conduct festgelegt, dass Moderatoren dafür Sorge zu tragen haben, dass eine Gruppe aktiv ist, und dass sie sich mit Eigenwerbung zurückhaltend verhalten sollen. Die meisten Bestimmungen haben jedoch mit dem korrekten Umgang zwischen dem Moderator und seinen Mitgliedern zu tun, damit gerade neue Moderatoren eine klare Richtlinie an die Hand bekommen. Den kompletten Code of Conduct finden Moderatoren in der Gruppe „XING Moderation".

So beantragen Sie eine eigene Gruppe

Unter „Gruppen", „Alle Gruppen" haben Sie die Möglichkeit, eine neue Gruppe vorzuschlagen. Tragen Sie in dem dafür vorgesehenen Formular alle gewünschten Angaben möglichst genau und ausführlich ein. Damit erleichtern Sie den Mitarbeitern bei XING die Entscheidung, ob sie Ihre Gruppe genehmigen oder nicht. Außerdem vermeiden Sie auf diese Weise Rückfragen und Missverständnisse. Nehmen Sie sich ausreichend Zeit und halten

Sie sich immer wieder vor Augen, was Sie mit Ihrer Gruppe eigentlich erreichen wollen. Hinterfragen Sie kritisch, ob Ihre Vorstellungen auch umsetzbar sind.

In dem Formular müssen Sie unter anderem Angaben zur Zielgruppe, dem Zweck und den geplanten Inhalten Ihrer Gruppe machen. Ferner sollten Sie sich vorher überlegen, wie Sie die Aktivität und Qualität innerhalb der Gruppe sicherstellen wollen. Das müssen Sie zwar nicht ausdrücklich angeben, doch Sie sollten sich selbst darüber im Klaren sein. Moderatoren von inaktiven Gruppen, in denen über mehrere Monate keine Beiträge eingehen und keine neuen Mitglieder zu verzeichnen sind, werden von XING regelmäßig angeschrieben und um Belebung ihrer Gruppe gebeten. Wenn dann nichts passiert, kann es dazu kommen, dass XING die betreffende Gruppe schließt.

Da XING sehr viele Vorschläge für neue Gruppen erhält, kann es zwei bis drei Wochen dauern, bis Sie eine Antwort auf Ihre Bewerbung bekommen. Wird Ihre Gruppe genehmigt, werden Sie zugleich automatisch in die Gruppe „XING Moderation" aufgenommen. In dieser Gruppe speziell für Moderatoren haben Sie Zugriff auf den „Code of Conduct für Gruppenmoderatoren" und einen ausführlichen „Setup-Guide für Gruppen". Nutzen Sie die Gelegenheit und verschaffen Sie sich einen Überblick über die Tipps und Erfahrungen, die tausende von Moderatoren hier eingestellt haben. Zudem können Sie erfahrene Kollegen um Rat bitten und Verbesserungsvorschläge an XING unterbreiten. Auch für diese Gruppe gilt: Vor einem eigenen Beitrag zunächst einmal prüfen, ob das Thema nicht schon ausführlich behandelt wurde.

Gruppe einrichten

Bevor Sie dazu übergehen, Mitglieder in Ihre Gruppe einzuladen, sollten Sie die verschiedenen Einstellungen zu Ihrer Gruppe festlegen. Dabei unterstützt Sie der schon erwähnte „Setup-Guide für Gruppen". Im ersten Teil dieses Leitfadens erfahren Sie, was Sie vor dem Start der Gruppe alles tun müssen – von der Einrichtung der Basiseinstellungen über die Bearbeitung der Beitrittsseite für Mitglieder und die Veränderung des Layouts Ihrer Gruppe. Der zweite Teil gibt Ihnen einen Einblick in das aktive Mitgliedermanagement, und Sie erfahren, wie Sie neue Mitglieder hinzufügen und entfernen, Mitglieder-Newsletter verfassen, zu Veranstaltungen einladen und vieles mehr, was Sie als Moderator einer Gruppe wissen müssen.

Gut zu wissen

Mitglieder einer XING-Gruppe zu einem Termin einladen

Wenn Sie als Moderator einen Termin planen, können Sie alle Gruppenmitglieder oder Teile der Gruppe hierzu einladen. Laden Sie später nochmals Gäste ein, zum Beispiel, um auch neu hinzugekommene Mitglieder zu berücksichtigen, wird automatisch geprüft, wer die Einladung bereits erhalten hat. Nur die zu dieser Einladungsliste neu hinzugekommenen Kontakte werden angeschrieben. Unabhängig davon ist aber auch eine Nachricht an alle Personen auf der Einladungsliste möglich, zum Beispiel, wenn sich der Termin oder der Veranstaltungsort ändert. Gruppentermine werden übrigens auch auf der Startseite der Gruppe angezeigt. Zudem können Sie sie im Rahmen Ihres Gruppennewsletters erwähnen. Zum Thema „Veranstaltungsorganisation" erfahren Sie gleich mehr.

8. So verwalten Sie Veranstaltungen und Termine

Im Bereich „Termine“ bei XING können Sie öffentliche oder private Veranstaltungen und Treffen ankündigen, Anmeldungen an- oder ablehnen und Events mit Kontakten inner- und außerhalb von XING organisieren. Außerdem können Sie Telefonkonferenzen mit bis zu 100 Teilnehmern aus aller Welt – darunter XING-Mitglieder und auch Nicht-Mitglieder – organisieren.

An einem Termin können Sie entweder als Gast teilnehmen oder ihn selbst organisieren. Bei tausenden im XING-Netzwerk eingetragenen Terminen in Kategorien wie Vorträge und Seminare, Freizeit und Sport, Networking-Veranstaltungen und offizielle XING-Events gibt es bestimmt einige, die auch für Sie interessant sind. Oder Sie veranstalten selbst Seminare, Kunst- und Kulturevents, Kongresse oder Firmenpräsentationen? Dann nutzen Sie die Funktionen bei XING, um Ihre Kontakte hierzu einzuladen und im XING-Netzwerk auf Ihre Termine aufmerksam zu machen.

Wie Sie Veranstaltungen finden und sich anmelden

Unter „Termine", „öffentliche Termine" finden Sie verschiedene Kategorien von Veranstaltungen, darunter die offiziellen XING-Events sowie Vorträge und Seminare. Die zugehörige Suchfunktion können Sie im oberen Bereich ein- und ausklappen, indem Sie auf die Lupe klicken. Sie können nach unterschiedlichsten Kriterien filtern. Prüfen Sie doch gleich einmal, ob es für Sie interessante Seminare und Vorträge gibt. Wählen Sie die entsprechende Kategorie aus, grenzen Sie die Suche am besten zusätzlich auf Ihre Region ein und schauen Sie, welche Termine in Ihrer Nähe angeboten werden. Wenn Sie nach einem speziellen Inhalt suchen, dann nutzen Sie das Suchfeld „Thema". Wenn Sie hier zum Beispiel das Wort „Akquise" eingeben, finden Sie alle Termine, die damit etwas zu tun haben. Ihr eingegebener Begriff wird nicht nur in den Titeln der Termine, sondern auch in den beschreibenden Texten gesucht. Suchen Sie nach Teilwörtern, indem Sie ein Sternchen (*) benutzen. Mit „Bewerb*" im Feld „Thema" finden Sie unter anderem Bewerbertag, Bewerber-Workshop und Bewerbungsstrategien. Sie können auch Treffer ausschließen, indem Sie dem Suchbegriff ein Minuszeichen voranstellen. „–Frankfurt" schließt Termine aus, die in Frankfurt stattfinden.

Wenn Sie einen Haken bei „Meine Stadt" setzen, wird automatisch die Stadt angezeigt, die Sie in Ihrem Profil eingetragen haben. Wenn Sie in mehreren Städten suchen wollen, trennen Sie die Einträge jeweils mit einem Komma. Falls in Ihrer Stadt keine Termine angezeigt werden, können Sie auch die ersten beiden Ziffern der Postleitzahl eintragen, um die Suche auf die gesamte Region zu erweitern. Werden nach diesem Durchlauf zu viele Termine angezeigt, dann schränken Sie die Auswahl über die Kategorie oder einen Datumsbereich ein.

In der Übersichtsliste der gefundenen Termine sehen Sie den Titel und das Datum nebst Uhrzeit. Mit einem Klick darauf öffnen Sie die Seite zum Termin. Klicken Sie hingegen auf die angezeigte Kategorie, die Postleitzahl, die Stadt oder das Bundesland, wird Ihre Suche mit diesem zusätzlichen Kriterium weiter eingeschränkt. Ein Klick auf den Veranstalter des Termins führt Sie direkt auf das Profil des betreffenden Mitglieds.

Haben Sie einen interessanten Termin gefunden, sollten Sie zunächst die Beschreibung dazu genau durchlesen. Beachten Sie, dass es vom jeweiligen Veranstalter abhängt, ob ein einfaches „Ja" als Zusage ausreicht oder ob weitere Schritte für eine verbindliche Anmeldung notwendig sind. Oft finden Sie in der Terminbeschreibung Hinweise, dass eine zusätzliche Fax- oder E-Mail-Anmeldung nötig ist, oder einen Link auf ein spezielles Anmeldeformular. Die Teilnahme an manchen Veranstaltungen setzt zudem voraus, dass Sie die Kosten dafür vorab überweisen. Auf diese Weise wollen die Veranstalter mehr Planungssicherheit gewinnen. Stellen Sie sich vor, Sie selbst würden ein Netzwerk-Dinner vorbereiten und müssten im Restaurant vorab Bescheid sagen, wie viele Essen benötigt werden. Die Veranstalter nehmen oft große Mühe auf sich, um solche Events zu organisieren. Unterstützen Sie sie, indem Sie verlässliche Angaben über Ihr Erscheinen machen.

Tipp

So übertragen Sie den Termin nach *Outlook*

Wenn Sie bei der Anmeldung die Funktion „Termin nach Outlook exportieren" nutzen, wird dieser Eintrag direkt in Ihren *Outlook*-Kalender übernommen. Alternativ können Sie sich per E-Mail an den Termin erinnern lassen.

Haben Sie sich zu Terminen im XING-Netzwerk angemeldet, ist es sinnvoll, diese in der Infobox „Meine nächsten Termine" auf Ihrer Startseite anzeigen zu lassen. So behalten Sie Ihre Termine immer im Überblick, und ein Klick genügt, um weitere Details zu erfahren. Schauen Sie zum Beispiel vor dem Termin in der Gästeliste nach, wen Sie bei dieser Gelegenheit treffen können. Nutzen Sie dabei den Filter „Nur eigene Kontakte anzeigen", um zu prüfen, wer von Ihren direkten Kontakten sich ebenfalls angemeldet hat. Beachten Sie aber, dass die Gästelisten nicht bei jedem Termin einsehbar sind; darüber entscheidet der Veranstalter, wenn er seinen Termin veröffentlicht.

Gewusst wie: Geben Sie Ihre eigenen Termine bekannt

Sie veranstalten Seminare, planen einen Tag der offenen Tür oder organisieren eine Hausmesse? Und Sie wollen möglichst viele Interessenten mit Ihrer Terminankündigung erreichen? Dann nutzen Sie die Terminverwaltung auf XING und tragen Sie Ihre Events hier ein. Im Menü „Termine" finden Sie die Funktion „Neuer Termin", die jedes Mitglied für eigene Veranstaltungen nutzen kann. Soll Ihr Eintrag von allen Mitgliedern gefunden werden können, wählen Sie die Option „Öffentlicher Termin". Ein „Privater Termin" taucht nicht in der offiziellen Terminübersicht auf. Sie können ihn zur Organisation geschlossener Veranstaltungen nutzen. Zu diesen Terminen können Sie nicht nur XING-Mitglieder, sondern per E-Mail auch Außenstehende einladen.

Egal, ob Sie einen privaten oder öffentlichen Termin anlegen wollen, der Ablauf ist immer der gleiche. Bei öffentlichen Terminen und Gruppen-Terminen stehen Ihnen allerdings einige zusätzliche Eingabefelder zur Verfügung. Insgesamt müssen Sie ein dreiseitiges Formular ausfüllen. Nur wenn Sie jeweils alle Felder, die mit einem „*" gekennzeichnet sind, ausgefüllt haben, können Sie die nächste Seite erreichen und den Termin speichern.

Formulieren Sie eine aussagekräftige und ausführliche Beschreibung Ihrer Veranstaltung, ansonsten wird sich angesichts des bei XING bestehenden Wettbewerbs kaum jemand anmelden. Schließlich wollen die Interessenten wissen, warum sie gerade Ihre Veranstaltung besuchen sollen und was genau sie dort erwartet. Zusätzlich ersparen Sie sich mit einer gründlichen Vorarbeit später viele Rückfragen. Informieren Sie in der Beschreibung daher je nach Veranstaltung über die Inhalte, die Dauer und die Kosten. Teilen Sie mit, welchen Ablauf ein Event oder eine Veranstaltung hat, und veröffentlichen Sie einen Zeitplan mit den Programmpunkten, falls möglich. Bei einer Abendveranstaltung sprechen Sie am besten auch den Dresscode an. Beschreiben Sie die Location, um die Teilnehmer neugierig zu machen. Bei einem Seminar sind außerdem die Modalitäten zur Stornierung und die Angabe zur maximalen Teilnehmerzahl wichtig. Falls sich die

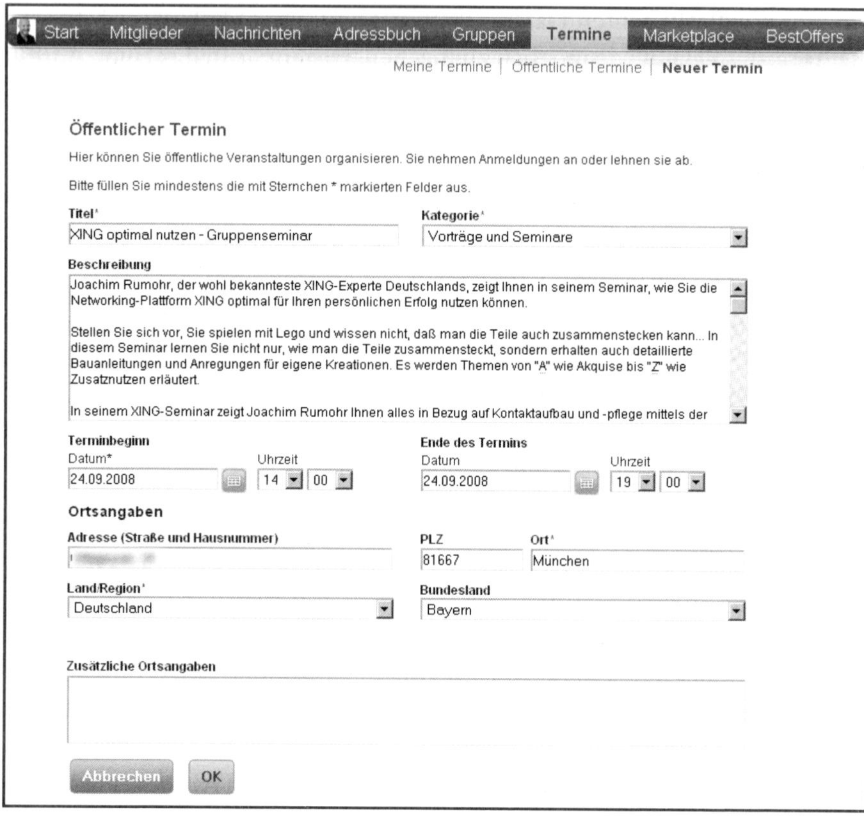

Teilnehmer noch über eine bestimmte Internetseite oder per E-Mail anmelden müssen oder Vorkasse zu leisten ist, sollten Sie das gleich am Textanfang vermerken, denn so manches XING-Mitglied liest die Terminbeschreibungen nur oberflächlich, bestätigt leichtfertig seine Teilnahme und glaubt, damit alles Nötige getan zu haben.

Übrigens ist der Eintrag in eine Gästeliste beziehungsweise die Zusage lediglich über XING rechtlich nicht verbindlich. Sie können daher von einem Mitglied, das trotz Anmeldung nicht zum Termin erscheint, nicht verlangen, dass es die eventuell angesetzte Teilnahmegebühr bezahlt. Deshalb ist es bei kostenpflichtigen Veranstaltungen durchaus üblich, dass zusätzlich eine Vorabüberweisung oder Bestätigung per Fax gefordert wird.

Hinterlegen Sie auch Terminbeginn und -ende, dabei hilft der kleine, grüne Button, mit dem sich eine praktische Kalenderansicht öffnet. Wählen

Sie hier die gewünschten Daten per Mausklick aus. Um den Teilnehmern die Anreise so leicht wie möglich zu machen, tragen Sie in das Feld „Adresse“ die Straße mit Hausnummer und in das Feld „Ort“ die korrekte Ortsbezeichnung ein. Nur dann funktioniert später die Standortanzeige im Termin, und Ihre Teilnehmer können die Funktion „Route zeigen“ nutzen. Um sicherzustellen, dass Sie die Anschrift richtig eingegeben haben, sollten Sie dies mit der Funktion „Standort zeigen“ kontrollieren, nachdem Sie den Termin gespeichert haben. Weitere Hinweise zur Anreise, zum Beispiel Links auf Wegbeschreibungen im Internet, Angaben zur Anreise mit öffentlichen Verkehrsmitteln oder zur Parkplatzsituation, tragen Sie in das Feld „Zusätzliche Ortsangaben“ ein.

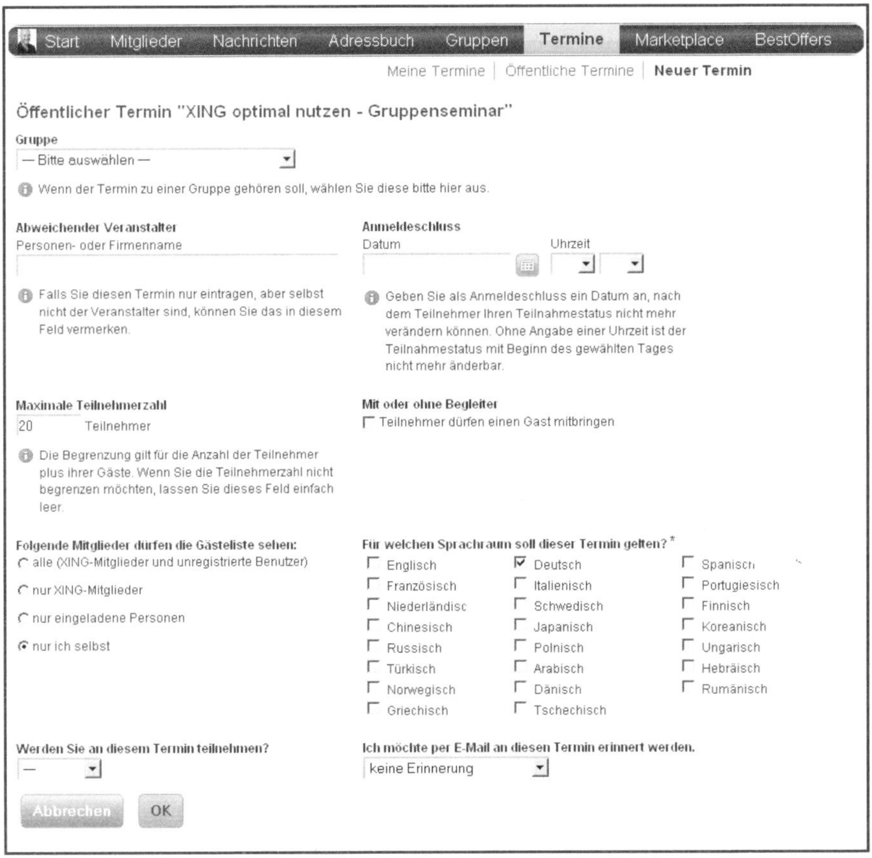

Auf der zweiten Seite folgen weitere Optionen. Gruppenmoderatoren haben hier die Möglichkeit, ihre Gruppe auszuwählen und damit alle Gruppenmitglieder einzuladen. Dazu befindet sich ganz oben auf der zweiten Seite ein Auswahlmenü, in dem alle von Ihnen moderierten Gruppen aufgeführt sind.

Wenn Sie einen Anmeldeschluss oder eine maximale Teilnehmerzahl angeben, bewirkt dies, dass sich bei Erreichen der angegebenen Grenze keine weiteren Teilnehmer mehr anmelden können. Als Ersteller des Termins sind Sie jedoch jederzeit in der Lage, den Teilnahmestatus der eingetragenen Personen zu ändern. Dies kann beispielsweise sinnvoll sein, wenn sich ein Teilnehmer nach dem Anmeldeschluss bei Ihnen abmeldet und Sie den freien Platz einem anderen Interessierten geben möchten. Die Angemeldeten selbst können nach dem Anmeldeschluss die Angaben in der Liste nicht mehr ändern. Als Verwalter des Termins haben Sie diese Optionen aber jederzeit.

Wenn Sie als Veranstalter die Option „Mit oder ohne Begleiter" zulassen, dürfen die Teilnehmer maximal einen Gast mitbringen. Dann erscheint ein zusätzliches Feld, in das der Name des Gastes eingetragen werden kann. In der Gästeliste erscheint dieser Name dann unter dem Namen des jeweiligen Mitglieds, das den Gast angemeldet hat. Diese Option ist immer dann sinnvoll, wenn es aufgrund der Veranstaltung wahrscheinlich ist, dass zum Beispiel der Ehe- oder Lebenspartner mitgebracht wird. Dieser ist nicht immer selbst Mitglied im XING-Netzwerk und könnte sich daher auch nicht selbst auf die Gästeliste setzen.

Je nach Art des Termins sollten Sie die Gästeliste öffnen und damit anderen die Möglichkeit geben, sie einzusehen. Gerade bei Networking-Events ist es für die Teilnehmer gut zu wissen, wer anwesend sein wird. So können sie eventuell schon vorab Verabredungen treffen. Hingegen kann es bei offenen Seminaren manchmal besser sein, die Gästeliste nicht zu öffnen. Das gilt vor allem, wenn sich Interessierte auch von anderer Stelle aus anmelden können. Denn dann sehen die Mitglieder bei XING nur die Anmeldungen, die über ihr Netzwerk eingegangen sind. Das könnte den einen oder anderen eventuell von einer Anmeldung abhalten, weil er von wenigen Teilnehmern ausgeht, obwohl das Seminar fast ausgebucht ist.

Versetzen Sie sich immer in die Lage des Betrachters Ihrer Termine, wenn es um die Optionen zur Freigabe der Gästeliste geht. Dabei kann auch die Privatsphäre eine Rolle spielen. Manch einer meldet sich bei einem öffentlich einsehbaren Termin vielleicht nicht an, wenn es dabei um kritische oder schwierige Themen wie etwa Konfliktlösungen in der Partnerschaft geht.

Gut zu wissen

Die eigene Teilnahme zählt in der Gästeliste mit

Wenn Sie bei der Frage „Werden Sie selbst teilnehmen?" ein „Ja" eintragen, stehen Sie auch in der Gästeliste und werden als Teilnehmer gezählt. Beachten Sie dies bei einer Einschränkung der Teilnehmerzahl.

Auf der letzten Seite der Terminanmeldung haben Sie die Gelegenheit, alle einzuladenden Gäste für Ihren Termin auszuwählen.

Auf der linken Seite des Bildschirms (siehe Abbildung auf der nächsten Seite) werden Ihre eigenen bestätigten Kontakte angezeigt, aus denen Sie auswählen können. Jeder ausgewählte Kontakt wird mit einem Klick auf das „+" in der Mitte auf die Gästeliste gesetzt. Bei diesem Schritt macht sich das Arbeiten mit Tags zur Kategorisierung Ihrer Kontakte (ab Seite 101) bezahlt. Geben Sie die ausgewählten Tags mit einem Komma getrennt in das Feld „Suche nach Tags" ein und klicken Sie anschließend auf „Filtern". Anschließend werden nur noch die Kontakte angezeigt, die den vorgegebenen Tags entsprechen. Nun können Sie die komplette Liste auf Ihre Einladungsliste übernehmen. Klicken Sie dazu den obersten Eintrag an und scrollen dann ganz nach unten. Halten Sie die „Shift"-Taste gedrückt und klicken Sie den letzten Eintrag an. So werden alle Kontakte in der Liste markiert und Sie brauchen nur einmal auf das „+" zu klicken.

Für Gruppenmoderatoren gilt: Zusätzlich werden alle Gruppenmitglieder in der Gästeliste rechts aufgeführt, sofern Sie den Termin einer Gruppe zugeordnet haben (bei der Terminerstellung auf der zweiten Seite). Auf diese Weise können Sie alle diese Personen ganz einfach zu Ihrem Termin einladen. Soll der Termin dagegen zunächst nur auf der Gruppenstartseite angezeigt werden und die Mitglieder erst später eine Einladung erhalten, markieren Sie alle Einträge in der Liste wie oben beschrieben und entfernen diese mit der Funktion „Markierte Einträge entfernen".

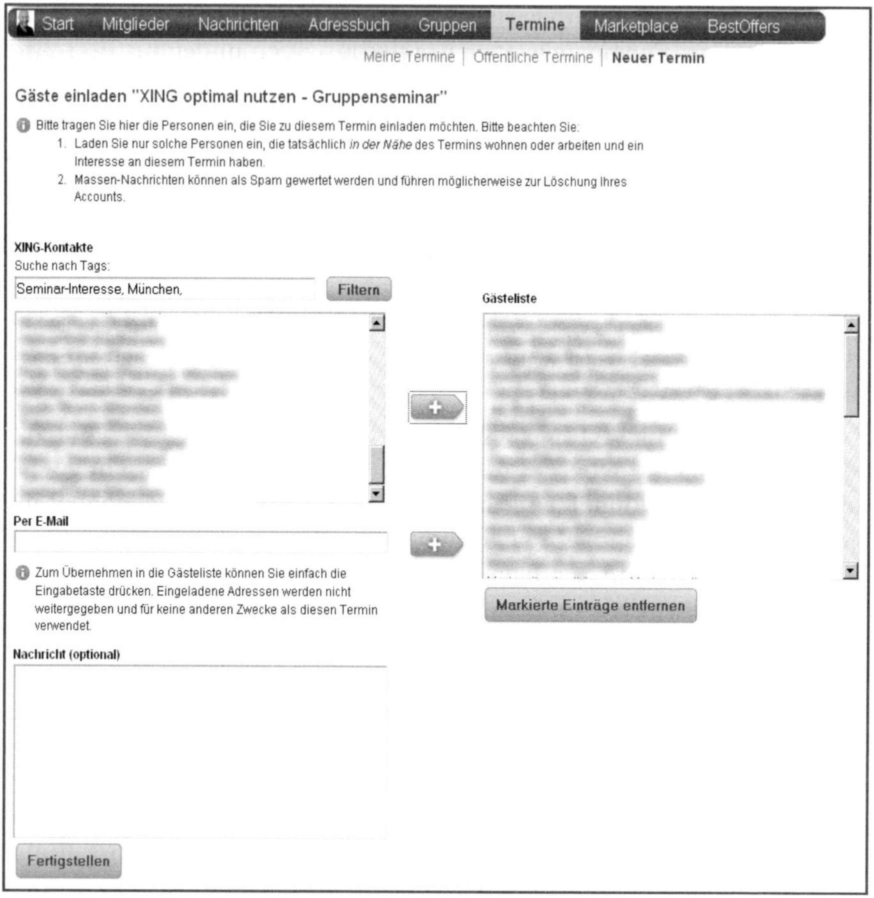

In das Feld „Nachricht (optional)" können Sie zusätzlich eine persönliche Nachricht an die zuvor ausgewählten Empfänger Ihrer Einladung eintragen. So können Sie Informationen ergänzen, die in der Terminbeschreibung nicht enthalten sind und auf den Termin hinführen. Vorstellbar wäre zum Beispiel, dass Sie einige persönliche Worte voranstellen und kurz erläutern, warum Sie die Empfänger zu dieser Veranstaltung einladen. Dieser Text hat eine ähnliche Funktion wie ein Anschreiben. Er wird der Termineinladung an diese Personen hinzugefügt, erscheint aber nicht, wenn die Veranstaltungsdetails direkt aufgerufen werden, etwa über die Liste der öffentlichen Termine.

Sobald Sie den Button „Fertigstellen“ geklickt haben, bekommen alle Mitglieder, die in der Gästeliste auf der rechten Seite aufgeführt sind, eine Nachricht mit dem Hinweis auf Ihren Termin zugeschickt. Außerdem ist Ihr Termin damit gespeichert und wird ab sofort in den öffentlichen Terminen angezeigt. Haben Sie ihn einmal gespeichert, können Sie ihn jederzeit aufrufen und die Funktion „Weitere Gäste einladen“ nutzen. Sie kommen dann immer wieder auf die dritte Seite der Terminanmeldung. Hier werden auch alle Gruppenmitglieder, die noch keine Einladung erhalten haben, aufgeführt.

Telefonkonferenzen mit XING planen und organisieren

Noch vor wenigen Jahren war die Durchführung einer Telefonkonferenz, oft „Telko“ genannt, eine teure Angelegenheit, die nur für wichtige geschäftliche Besprechungen mit einem größeren Kreis von Beteiligten infrage kam. Inzwischen ist dies fast zum Nulltarif möglich. Nützlich ist eine Konferenzschaltung immer dann, wenn sich mehr als zwei Personen über ein wichtiges Thema abstimmen wollen, sich aber nicht am selben Ort aufhalten. Stellen Sie sich zum Beispiel vor, Sie lassen eine neue Website erstellen. Daran arbeiten ein Grafik-Designer, eine Programmiererin und noch weitere Experten, die sich an unterschiedlichen Orten befinden. Sie wollen nicht länger zwischen diesen Personen vermitteln, sondern alle „an einen Tisch bringen“. Das können Sie mithilfe einer Telefonkonferenz bei XING tun.

Zu einer solchen Konferenz können Sie theoretisch bis zu 100 Teilnehmer aus aller Welt einladen. Sowohl XING-Mitglieder als auch Nicht-Mitglieder können teilnehmen. Letztere laden Sie einfach per E-Mail ein, indem Sie die entsprechenden Adressen eingeben. Die Planung einer solchen Konferenz erfolgt unter „Termin“, „Neuer Termin“. Alle Teilnehmer erhalten die notwendigen Zugangsdaten zur Einwahl sowie eine PIN im Anschluss per E-Mail. Diese sind drei Monate lang gültig, Sie können sich in diesem Zeitraum also für weitere Konferenzen verabreden, ohne neue Zugangsdaten versenden zu müssen.

Zum vereinbarten Termin wählen die Teilnehmer die angegebene Nummer, folgen den mündlichen Anweisungen und geben dann die zum jeweiligen Termin gehörige PIN ein. Für das Telefonat zahlt jeder nur die Verbindungskosten seines Telefonanbieters zu einem Festnetzanschluss in

Hamburg. Die Kosten einer solchen Telefonkonferenz sind also äußerst gering und werden zudem von den Teilnehmern selbst getragen.

Tipp

Das ist bei einer Telefonkonferenz zu beachten

Bereiten Sie eine Telefonkonferenz genauso sorgfältig vor, wie Sie es bei einem realem Meeting tun. Auch wenn keine Anfahrtskosten entstehen, wenden die Teilnehmer Arbeitszeit für das Gespräch auf. Beschreiben Sie in der Einladung den Anlass, geben Sie eine Agenda vor und bestimmen Sie einen klaren Zeitrahmen. Laden Sie nur die inhaltlich betroffenen Teilnehmer ein und bitten Sie sie, sich auf die Aspekte vorzubereiten, die sie betreffen, und sich die nötigen Unterlagen bereitzulegen.
Hintergrundgeräusche während der Konferenz können sehr störend sein. Die Teilnehmer sollten die Türen der Räume schließen, in denen sie sich aufhalten, und Störungen vermeiden. Befinden sich mehrere Teilnehmer in einem Gebäude, dann sollten sie in einem Raum gemeinsam über Lautsprecher mithören. Zudem sollten alle vor dem Gespräch nachschauen, ob es an ihrem Telefon oder Handy eine Taste zum Stummschalten des Mikrofons gibt, damit es nicht zu Rückkopplungseffekten oder anderen Störungen kommt.
Sind Sie der Initiator einer Konferenz, stellen Sie sich kurz vor und begrüßen Sie die Teilnehmer namentlich, damit klar ist, wer dabei ist. So können Sie auch gleich prüfen, ob alle gewünschten Teilnehmer zuhören. Nachzügler sollten ebenfalls kurz begrüßt werden.
Fragen Sie nach, ob allen Beteiligten die Tagesordnung vorliegt. Damit machen Sie deutlich, dass Sie dieser Agenda folgen und straff durch die Telefonkonferenz führen werden. Mithilfe der Teilnehmerliste können Sie auch Umfragen und Abstimmungen zu wichtigen Punkten durchführen, indem Sie alle Teilnehmer der Reihe nach um ihre Stellungnahme bitten. In größeren Runden sollte zudem jeder Teilnehmer zunächst seinen Namen nennen, bevor er etwas sagt. Bei kleineren Runden, deren Teilnehmer sich gut kennen, können Sie natürlich auf einige dieser Regeln verzichten. Wie bei allen Konferenzen ist es sinnvoll, am Ende gleich den nächsten Termin zu vereinbaren und anschließend ein Protokoll mit den Entscheidungen und zugeteilten Aufgaben sowie dem Termin der nächsten „Telko“ zu versenden.

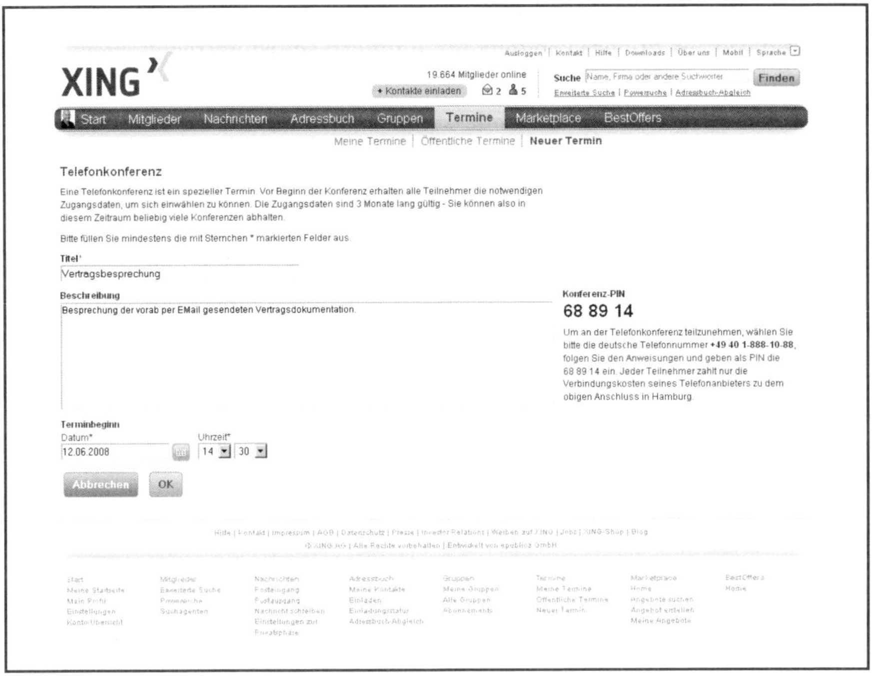

Verbreiten Sie Ihren Termin im XING-Netzwerk

Mit den folgenden Tipps sorgen Sie dafür, dass Ihre Termine im XING-Netzwerk von möglichst vielen Mitgliedern wahrgenommen werden. Achten Sie aber darauf, wer Ihre Zielgruppe sein könnte, und richten Sie Ihre Aktivitäten entsprechend aus. Überlegen Sie immer, welcher Weg zu Ihnen und zu Ihrer Veranstaltung passt.

Geben Sie einen Terminhinweis in passenden Gruppen

In vielen Gruppen gibt es Foren, in denen inhaltlich passende Termine angekündigt werden dürfen. In der Gruppe „Existenzgründer & Selbstständige" können Sie zum Beispiel unter „TIPPS: Die besten Veranstaltungen für Gründer & Selbstständige" alle möglichen Termine für diese Zielgruppe bekanntgeben. Achten Sie beim Schreiben Ihres Artikels darauf, dass Sie das Datum Ihres Termins sowie das Thema gleich in die Betreffzeile schreiben. Das führt zu einer besseren Übersicht in dem Forum und zu mehr

Klicks auf Ihren Artikel. Fügen Sie auch unbedingt einen direkten Link auf Ihren Termin ein. Nur die wenigsten Empfänger werden einen angekündigten Termin aktiv suchen. Machen Sie es also den Interessenten leichter und kopieren Sie die URL direkt in den Beitrag hinein. Rufen Sie dazu Ihren Termin auf und kopieren Sie die Adresse oben aus der Adresszeile des Browserfensters. Der Link sollte dann folgende Form haben: https://www.xing.com/app/events?op=detail;id=123456. Die Nummer am Ende dieses Links entspricht der fortlaufenden Nummerierung aller eingestellten Termine bei XING.

Achten Sie beim Kopieren Ihres Beitrags für weitere Gruppen darauf, dass die Adressen von Internetseiten in Nachrichten und Gruppenbeiträgen standardmäßig abgeschnitten werden. Fügen Sie also in kopierte Beiträge immer wieder den Originallink ein und testen Sie, ob er auch tatsächlich funktioniert.

Nutzen Sie Gruppennewsletter

In vielen Gruppennewslettern werden anstehende Termine, die die Mitglieder interessieren könnten, bekanntgegeben. Fragen Sie beim betreffenden Moderator an, wann er den nächsten Newsletter herausgibt, und bitten Sie ihn um Veröffentlichung Ihres Termins, wenn er zur Gruppe passt. Falls Sie öfter Termine einstellen wollen, fragen Sie am besten gleich nach, in welchen Abständen der Newsletter erscheint. Dann können Sie dies schon bei Ihrer Planung berücksichtigen.

Setzen Sie Termine auf Ihre „Über-mich"-Seite und Ihre Firmen-Homepage

Tragen Sie Ihre eigenen Termine auch auf Ihrer „Über-mich"-Seite ein. Besucher, die sich einfach umsehen, können Sie so gezielt auf Ihre Veranstaltung aufmerksam machen. Fügen Sie den Link zum Termin hier ebenfalls in den Text ein. Darüber hinaus können sie im Terminbereich Ihrer Firmen-Homepage zusätzlich auf Termine im XING-Netzwerk verlinken.

Weisen Sie in Ihrer Signatur auf Ihre Termine hin

Jeder Nachricht und jeder E-Mail wird in der Regel eine Signatur oder Grußformel angehängt. Erweitern Sie diese und weisen Sie auf Ihre nächsten Termine hin – natürlich ebenfalls mit einem direkten Link auf den Termin. Nutzen Sie *PhraseExpress,* um die Terminadresse auf unkomplizierte Weise einfügen zu können. Legen Sie in dem Programm eine Phrase mit Ort und Datum als Name und dem Link zum Termin als Inhalt an. So können Sie sehr schnell den Terminlink einfügen, ohne sich jedes Mal umständlich zu ihm durchklicken zu müssen. Weitere Hinweise zur Arbeit mit *PhraseExpress* finden Sie ab Seite 96. Wenn Sie nicht mit diesem Programm arbeiten, aber trotzdem schnell auf Ihre Terminseite zugreifen wollen, sollten Sie sie als Favoriten im Browser (Lesezeichen bei *Firefox*) anlegen. Öffnen Sie dazu die entsprechende Terminseite und fügen Sie sie in die Liste der Favoriten beziehungsweise der Lesezeichen ein.

Behalten Sie die Einladungsliste im Auge

Kümmern Sie sich auch weiterhin um Ihren Termin, nachdem Sie ihn angelegt und die Einladungen verschickt haben – und zwar so lange, bis er stattfindet. Prüfen Sie, wie viele Anmeldungen vorliegen, senden Sie Erinnerungen an die Gäste und kontrollieren Sie die Gästeliste auf mögliche Kommentare. Nur so sind Sie immer auf dem neuesten Stand und können eingreifen, wenn die Zahl der Anmeldungen zu gering ist.

Tipp

So lassen sich Kommentare leichter finden

Oft nutzen Mitglieder die Kommentarfunktion, um dem Veranstalter eine zusätzliche Nachricht zu hinterlassen. Sie bitten beispielsweise um einen Anfahrtsplan oder eine Schilderung der Parkplatzsituation. Manchmal werden über diese Funktion auch einfach weitere Gäste angemeldet. Darauf sollten Sie als Veranstalter reagieren. Oberhalb der Gästeliste befindet sich die Funktion „Gäste mit Kommentar anzeigen“. Wenn Sie diese nutzen, werden nur noch Einträge angezeigt, bei denen ein gesonderter Eintrag zu finden ist. So bekommen Sie schnell einen Überblick über alle Kommentare Ihrer Gäste.

Rundschreiben an alle Teilnehmer

Mit dieser Funktion können Sie allen Mitgliedern, die auf der Gästeliste zu Ihrem Termin stehen, eine Nachricht senden. Nutzen Sie dabei die Möglichkeit, den Empfängerkreis einzuschränken, und schreiben Sie eventuell verschiedene Nachrichten an die unterschiedlichen Teilnehmergruppen: „Teilnehmer, die zugesagt haben", „Teilnehmer, die abgesagt haben", „Teilnehmer, die ‚vielleicht' geantwortet haben" und „Teilnehmer, die sich noch nicht gemeldet haben".

Wenn Sie so vorgehen, können Sie interessierte, aber noch unschlüssige Teilnehmer gezielt auf weitere Vorteile der Veranstaltung hinweisen oder Teilnehmern, die sicher kommen, wichtige Veranstaltungsdetails mitteilen. Jemand, der bereits abgesagt hat, möchte dagegen sicher nicht wissen, wo er am besten parken kann, wenn er am Veranstaltungsort ankommt.

Termine verschieben oder absagen

Ein Termin kann nicht einfach gelöscht werden, Sie können ihn nur verschieben oder ganz absagen. In beiden Fällen erhalten die Mitglieder auf der Gästeliste die von Ihnen eingegebene Nachricht zur Absage oder Verschiebung über das Nachrichtensystem von XING. Wenn Sie den Termin absagen oder verschieben müssen, erläutern Sie den Gästen den Grund dafür ausführlich und versenden Sie die Nachricht vor allem einige Tage, bevor die Veranstaltung stattfinden soll. Nicht jedes Mitglied ist jeden Tag online oder liest jeden Tag seine E-Mails. Bei einer geringen Teilnehmerzahl sollten Sie bei einer Absage die Gäste eventuell auch anrufen und über weitere Termine oder Alternativen informieren.

Gästeliste verwalten

Über die Funktion „Teilnehmerliste exportieren" können Sie die Namenslisten in andere Programme überspielen. Das ermöglicht es Ihnen, relativ schnell Anwesenheitslisten oder Namensschilder zu drucken beziehungsweise drucken zu lassen. Übrigens empfiehlt es sich gerade bei größeren Events, Textiletiketten als Namensschilder zu verwenden. Denn dann benötigen Sie keine Namensschildhalter und weniger Platz, um die Namensschilder auszulegen. Die Bögen mit den Textiletiketten können zum Beispiel in alphabetischer Folge ausgedruckt und danach in einem Ringbuch abgeheftet werden.

Ist bei einem Termin der Anmeldeschluss beziehungsweise die maximale Teilnehmerzahl erreicht, kann der Teilnahmestatus von einem Mitglied nicht mehr geändert werden. Als Ersteller des Termins haben Sie jedoch jederzeit die Möglichkeit, den Status einzelner Gäste abzuwandeln, wie Sie schon erfahren haben. Neue bestätigte Kontakte können Sie jederzeit nachträglich zum Termin einladen und damit auf die Gästeliste setzen.

Mit der Funktion „Gäste einladen“ kommen Sie immer wieder auf die dritte Seite der Terminerstellung. Hier werden automatisch alle Ihre direkten Kontakte aufgelistet, die Sie noch nicht zum Termin eingeladen haben. Das können Sie jederzeit nachholen. Beim Termin einer Gruppe werden auf dieser Seite zudem automatisch alle neuen Gruppenmitglieder aufgelistet, die seit dem Versand der Einladung hinzugekommen sind. Sie als Moderator können auch diese Personen jederzeit nachträglich einladen.

9. Marketplace und BestOffers: nur für XING-Mitglieder

Wie der Name schon sagt: Mit dem Marketplace hat XING einen Marktplatz geschaffen, auf dem Stellen und künftig auch Dienstleistungen und Immobilien gehandelt werden können. Wir werden diesen Bereich am Beispiel des Stellenmarkts erklären. „BestOffers" ist eine Art Bonusclub und bietet den Premium-Mitgliedern zusätzliche geldwerte Vorteile durch Rabatte und besondere Angebote bei Businessdienstleistungen.

Stellen suchen und Mitarbeiter finden

Der Stellenmarkt von XING unterscheidet sich ganz erheblich von herkömmlichen Stellenbörsen, denn hinter jedem Stellenangebot steht ein Mitglied mit ausführlichem Profil und Kontakten, und auch jeder Bewerber verfügt über ein Profil und sein Kontaktnetzwerk. So kann der Bewerber direkt mit dem Anbieter eines Arbeitsplatzes Kontakt aufnehmen und sich über das XING-Netzwerk weitere Informationen über ihn und die angebotene Stelle einholen. Als Stellensuchender sollten Sie Ihr Netzwerk daraufhin überprüfen, ob Sie gemeinsame Kontakte zum Stellenanbieter beziehungsweise bei der anbietenden Firma haben. Vielleicht finden sich ja auch Kontakte zweiten Grades, die dort arbeiten und Ihnen nützliche Zusatzinformationen über das Unternehmen und die dortigen Entscheidungsträger geben können. Nutzen Sie dafür bei der Mitgliedersuche das Feld „Firma (jetzt)" und die Option „Kontakte meiner Kontakte".

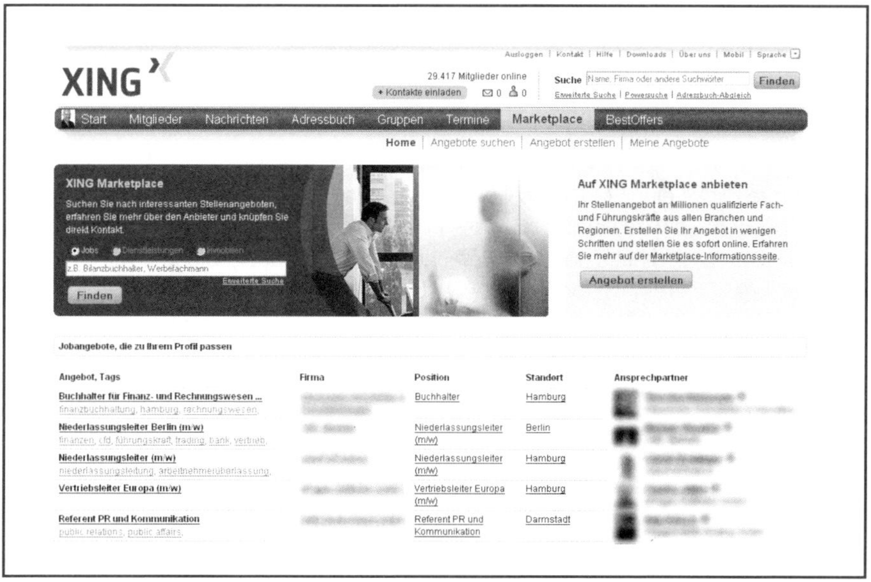

Auf dem XING-Marketplace werden Angebot und Nachfrage über einen intelligenten Algorithmus miteinander abgeglichen. XING-Mitglieder erhalten daher individuelle Jobangebote, die auf ihr Profil abgestimmt sind. In der Infobox „Neues aus meinem Netzwerk" auf der Startseite können Sie sehen, welche Jobs in Ihrem persönlichen Netzwerk gerade verfügbar sind, und in der Box „Jobangebote zu meinem Profil“ finden Sie Stellenausschreibungen, die zu Ihrem Profil passen. Bei jedem Angebot ist die Beziehung zum Anbieter über den Kontaktpfad direkt sichtbar.

Die Anbieter von Stellen zahlen nach Anzahl der Klicks auf ihr Angebot. Jedes Premium-Mitglied erhält zehn Freiklicks pro Monat, weitere Klicks werden mit einer festen Rate von zurzeit 0,49 Euro abgerechnet. Zur Absicherung können die Anbieter eine maximale Klickzahl pro Angebot und für alle Angebote festlegen. Zudem gibt es eine Statistik, mit der sie die einzelnen Posten im Blick behalten können. Diese Statistik ist stets aktuell und zeigt die Anzahl der gesamten Klicks pro Stellenangebot, listet die Freiklicks auf und gibt auch die Zahl der kostenpflichtigen Aufrufe an. Haben Sie beispielsweise ein Angebot eingestellt und auf 100 Klicks begrenzt, wird Ihre Stellenausschreibung nach dem hundertsten Klick nicht mehr angezeigt. Für die gezählten Klicks abzüglich der zehn Freiklicks fallen dann Kosten von 90 x 0,49 Euro, also insgesamt 44,10 Euro an.

Gut zu wissen

Die Klicks pro Mitglied sind begrenzt

Mehrere Klicks eines Mitglieds werden in einem bestimmten Zeitraum nur einmal gezählt. So wird verhindert, dass ein Mitglied immer wieder auf ein Angebot klickt, damit dieses dann mit Erreichen des Limits ausgeblendet wird. Eine finanzielle Schädigung von Wettbewerbern, die dadurch entstehen könnte, dass ein Angebot übermäßig oft angeklickt wird, ist damit ebenfalls ausgeschlossen.

Neben den üblichen Feldern für ein Stellenangebot wie Kurzbeschreibung, Branche, Position, Beschäftigungsart, Jahresgehalt und Karrierelevel ist zusätzlich Raum für Schlagwörter (Tags). Diese Angaben werden mit den Daten in den Profilen der Mitglieder abgeglichen. Die Ergebnisse können sich die Mitglieder in einer Infobox auf ihrer Startseite einblenden lassen. Nach dem gleichen Prinzip werden die Angebote ausgewählt, die auf der Startseite im Marketplace zu sehen sind. An dieser Stelle bekommt jedes Mitglied also immer individuell die auf sein eigenes Profil abgestimmten Angebote präsentiert.

Zusätzlich finden Stellensuchende auch hier umfangreiche Suchfunktionen. Sie können genau wie bei der Mitgliedersuche mit Anführungszeichen, mit Minuszeichen und nach Wortanfängen suchen.

Wichtig für Bewerber: Im Stellenangebot selbst sehen Sie nicht nur die Angaben zur aufgerufenen Stelle, sondern auch den Kontaktpfad zum Anbieter. So können Sie eventuell Ihr Netzwerk nutzen, um mehr über das Unternehmen und die Stelle zu erfahren. Außerdem befindet sich neben dem Eintrag der Firma die Funktion „Meine Verbindungen anzeigen“. Damit werden Sie direkt zur Mitgliedersuche weitergeleitet, wo mögliche Verbindungen zwischen Ihnen und dem Anbieter aufgelistet werden.

Spezielle Angebote und Partnerunternehmen

Seit September 2006 gibt es auf XING den Bereich „BestOffers“. Hier können Partnerunternehmen exklusive Angebote für XING-Mitglieder einstellen, die Palette reicht von Reisen über Telekommunikation und Lifestyle bis hin zu Business-Lösungen.

Wenn Sie sich die verfügbaren Marken bei BestOffers anschauen, wird schnell klar, dass hier im Wesentlichen große Firmen mit mindestens deutschlandweit verfügbaren Waren und Dienstleistungen vertreten sind. Deren Angebote stehen den XING-Mitgliedern als BestOffers exklusiv zur Verfügung, sie umfassen spezielle Rabatte oder Konditionen. Dies ist seitens XING Bedingung dafür, dass ein Angebot in dieser Rubrik gelistet wird. Für die Mitglieder müssen sich ein erkennbarer Nutzen sowie ein Produkt- oder Preisvorteil ergeben.

Speziell ausgewählte „TopOffers" finden sich auf der Startseite des Bereichs und werden zudem im XING-Newsletter beworben. Alle anderen Angebote werden mit einem Ranking bewertet, sodass die beliebtesten Angebote jeder Kategorie als Erstes angezeigt werden. Je nach Laufzeit und Umfang der Kooperation zahlen die Anbieter einen Betrag für das Einstellen und die Bewerbung ihrer Angebote oder Dienstleistungen an XING.

Wie Sie die BestOffers für das Networking nutzen können

Bei jedem Angebot finden Sie einen Link, mit dem diese Angebote weiterempfohlen werden können. Wenn Sie also unter den BestOffers etwas entdecken, das für einen Kontakt von Ihnen interessant sein könnte, dann machen Sie ihn darauf aufmerksam. Ihr Kontakt kann durch Ihre Empfehlung unter Umständen Geld oder Zeit sparen, und Ihr Aufwand ist dabei relativ gering. Sogar ein Text wurde schon vorbereitet, Sie müssen nur noch Ihren Kontakt auswählen und los geht's.

Die Nachricht, die Ihr Kontakt dann bekommt, enthält einen Link auf das Angebot. Die Nachricht beginnt beispielsweise mit dem Satz: „Hallo, ich habe dieses Angebot im XING BestOffers-Programm gefunden. Wäre das nicht interessant für Sie?" Klickt der Empfänger dann auf den Link, erscheint darüber ein kleiner Kasten mit einem Hinweis auf Ihre Empfehlung. Darin wiederum befindet sich ein Link, über den Ihr Kontakt Ihnen direkt schreiben kann.

10. Welche Spielregeln gelten für das Networking bei XING?

Grundsätzlich gelten für erfolgreiches Networking immer dieselben Spielregeln – egal ob im Internet auf XING oder offline etwa bei einer Netzwerkveranstaltung. Doch was macht erfolgreiches Networking aus? In den folgenden zehn Abschnitten erfahren Sie, wie Sie zum erfolgreichen Netzwerker werden und welche Besonderheiten beim Networking bei XING zu beachten sind.

Vermeiden Sie typische Missverständnisse zum Thema Networking

Viele Menschen verstehen Networking als Form des Verkaufens. Sie gehen zu einem XING-Treffen, um andere Leute kennenzulernen und ihnen ihre Produkte oder Dienstleistungen anzubieten, vielleicht auch sich selbst als Arbeitnehmer anzupreisen – und machen sich damit prompt unbeliebt. Machen Sie sich bewusst, dass Sie beim Networking auf unterschiedlichste Menschen treffen, und nur ein Bruchteil wird an Ihrer Leistung interessiert sein. Es bringt deshalb meist gar nichts, sofort ein Verkaufs- oder Bewerbungsgespräch zu beginnen – womöglich schlagen Sie Ihr Gegenüber gleich in die Flucht und bleiben in negativer Erinnerung. Schlimmstenfalls beschweren sich Ihre Gesprächspartner bei anderen über Sie, und Sie erreichen genau das Gegenteil von dem, was Sie eigentlich wollten.

Setzen Sie sich beim Networking niemals unter Erfolgsdruck. Nehmen Sie sich die Zeit, Ihren Gesprächspartner erst einmal kennenzulernen. Dazu gehört, dass Sie ihm Fragen stellen und sich auch für seine Antworten interessieren. Das heißt nicht, dass Sie nicht im geeigneten Moment selbstbewusst berichten sollten, was Sie beruflich tun. Ein solches Gespräch bietet eine hervorragende Chance, Selbstmarketing zu betreiben und den anderen neugierig auf Sie und Ihre Leistung zu machen. Ihr Ziel darf es aber nicht in erster Linie sein, dass er etwas von Ihnen kauft oder Ihnen einen Job anbietet, sondern dass er Sie in guter Erinnerung behält. Nur dann wird er sich bei Ihnen melden oder Sie weiterempfehlen, wenn er oder ein Bekannter den entsprechenden Bedarf hat oder wenn er von einer passenden Stelle für Sie erfährt.

Auch in dieser Situation müssen Sie nicht in die Rolle des Verkäufers oder Bewerbers schlüpfen, denn es besteht bereits ein Vertrauensvorsprung zu Ihren Gunsten. Aus diesem Grund muss ein guter Netzwerker keine Kaltakquise betreiben und keine Initiativbewerbungen versenden. Kunden, Headhunter und Arbeitgeber kommen auf Empfehlung auf ihn zu, fast wie von alleine. Wenn Sie den Unterschied zwischen Networking und Verkaufen kennen, werden Sie in Zukunft deutlich entspannter zu Networking-Veranstaltungen gehen – und gerade deshalb sehr viel erfolgreicher sein.

Sie können XING allerdings durchaus auch zum direkten Verkaufen nutzen, einige der hierfür relevanten Techniken haben wir in diesem Buch erläutert: Die gezielte Suche nach potenziellen Kunden, die unkomplizierte Ansprache über eine interne Nachricht, die Umgehung von Gatekeepern –

all das hilft Verkäufern weiter. Und auch wer professionelles Direktmarketing betreiben möchte, wird bei XING viele Instrumente hierzu finden. Die Gruppen, die auch als Clubs zur Bindung alter und neuer Kunden genutzt werden können, die Newsletter und Termineinladungen bieten hier vielfältige Ansätze. Behalten Sie aber bei alldem im Auge, dass XING primär eine Networking-Plattform bleibt. Deshalb werden Sie erfolgreicher sein, wenn Sie die im Folgenden beschriebenen Tipps und Regeln beachten.

Sie haben es sicher schon gehört und auch in einigen Interviews hier im Buch gelesen: Networking besteht aus Geben und Nehmen. Das heißt aber nicht, dass Sie ein Beziehungskonto mit Soll und Haben führen sollten, auf dem Sie mental alles, was Sie von jemandem erhalten, und alles, was Sie ihm geben, verbuchen. Doch viele Menschen verstehen Networking auf diese Weise: Sie sammeln Punkte, um sie später gegen einen größeren Gefallen einzutauschen. Oder umgekehrt: Sie fühlen sich verpflichtet, weil jemand ihnen mehrfach geholfen hat.

In wirklich guten Netzwerken – so wie wir sie verstehen – entsteht keine Verpflichtung, jede Leistung erfolgt freiwillig und ohne Druck. Das heißt aber wiederum nicht, dass ein Netzwerk ein Selbstbedienungsladen ist. Es wird genau registriert und spricht sich schnell herum, wie viel jemand gibt und wie viel er nimmt. Wer dem einen Netzwerkpartner einen Gefallen getan hat, kann auch einen ganz anderen um Unterstützung bitten und wird sie in der Regel erhalten. Wer zum Beispiel in einem Forum die Fragen anderer kompetent beantwortet oder regelmäßig mit seinen Bemerkungen für gute Stimmung sorgt, der wird als hilfsbereit wahrgenommen. Die anderen Gruppenmitglieder werden ein solches Mitglied besonders bereitwillig unterstützen.

Früher sprach man häufig von „Vitamin B" und meinte damit, dass jemand etwas nicht aus eigener Kraft erreicht, sondern zum Beispiel, weil die Eltern oder gute Freunde einen Entscheidungsträger kennen. Auch heute gibt es natürlich noch solche Beziehungen, und gerade bei der Besetzung von Toppositionen spielen sie eine wichtige Rolle. XING trägt zur Demokratisierung des Networkings bei, denn mit dieser und ähnlichen Networking-Plattformen ist es deutlich einfacher geworden, die „richtigen Leute" kennenzulernen. Überzeugen Sie sie mit Ihrem Charakter und Ihren Leistungen oder lassen Sie sich durch gemeinsame Kontakte empfehlen, die Ihre Kompetenz bezeugen können.

Trennen Sie nicht künstlich zwischen geschäftlich und privat

XING ist eine Business-Plattform, und die Suche nach Geschäftspartnern und Aufträgen, nach Mitarbeitern und Jobs ist ein wichtiges Motiv, warum viele Mitglieder für die Nutzung viel Zeit investieren. Immer wieder fällt auf, dass Mitglieder besonders aktiv werden, wenn sich ein beruflicher Wechsel anbahnt, sei es, weil sie sich auf Jobsuche begeben, sei es, dass im neuen Job andere Kontakte wichtig werden. Wer sich aber nur dann meldet, wenn er etwas Geschäftliches möchte, wird auf Dauer kaum erfolgreich sein. Er verzichtet zudem auf viele Vorteile, die nicht rein beruflicher Natur sind.

Fixieren Sie sich deshalb beim Networking nicht auf Aufträge, Jobs und Karriere, sondern setzen Sie sich zunächst ganz andere, näherliegende Ziele: Lernen Sie Menschen kennen, um Spaß zu haben, sich gut zu unterhalten, Freunde zu gewinnen oder um im eher beruflichen Bereich Wissen und Erfahrungen auszutauschen, sich gegenseitig zu unterstützen und erfolgreich zusammenzuarbeiten. Trennen Sie nicht allzu streng zwischen Berufs- und Privatleben. Verraten Sie etwas über Ihre Persönlichkeit, über Ihre privaten Interessen und Leidenschaften. Das lässt Sie menschlich und authentisch wirken und bietet zusätzliche Ansatzpunkte für eine Vernetzung. Sympathie entsteht durch Gemeinsamkeiten.

Bedenken Sie dies auch, wenn Sie Ihr Profil überarbeiten oder sich in der Vorstellungsrunde einer Gruppe vorstellen. Verstecken Sie sich also nicht hinter einer abstrakten Stellenbezeichnung und einem vielleicht eindrucksvollen, aber für viele Betrachter möglicherweise abweisenden Profil. Bieten Sie vielmehr bewusst Anknüpfungspunkte für Gespräche, indem Sie zum Beispiel sportliche Interessen, Hobbys oder bevorzugte Reiseziele eintragen.

Bei einem Networking-Treffen wären dies potenzielle Themen für den Smalltalk – bei XING ist es nicht anders. Natürlich ist es bei XING auch möglich, sehr schnell zur Sache zu kommen und ganz direkt zu fragen, was man vom anderen möchte. Angesichts der vielen Nachrichten, die hier ausgetauscht werden, ist es oft gar nicht erwünscht, dass lange um den heißen Brei herumgeredet wird. Bemühen Sie sich aber trotzdem darum, immer auch persönliches Interesse und Wertschätzung in den Austausch einfließen zu lassen.

Finden Sie die richtige Einstellung, um erfolgreich zu sein

Erfolgreiche Netzwerker haben immer wieder die Erfahrung gemacht, dass sich ihr Engagement für das Netzwerk früher oder später auszahlt. Das dadurch entstandene Grundvertrauen macht sie zu sehr freigiebigen und offenen Menschen, denn sie sind überzeugt, dass sie alles, was sie geben, „mit Zinsen" zurückbekommen – wenn auch nicht unbedingt von der gleichen Person. Sie sind offen für alle Arten von Bekanntschaften, denn sie beurteilen andere Menschen nicht danach, ob sie als Auftrag- oder Arbeitgeber infrage kommen. Sie unterstellen jedem Menschen zunächst einmal, dass er interessant ist und über interessante Kontakte verfügt. Sie fragen interessiert nach, suchen nach Gemeinsamkeiten und Ansätzen, um anderen zu helfen.

Stellen Sie sich vor, jemand kommt derart unbefangen, interessiert und hilfsbereit auf Sie zu. Im ersten Moment werden Sie vielleicht ein wenig misstrauisch reagieren: Hegt der andere irgendwelche Hintergedanken oder verfolgt er geheime Absichten? Sie werden sich vielleicht bei gemeinsamen Bekannten über ihn erkundigen. Doch wenn er ein guter Netzwerker ist und es ehrlich meint, wird er Sie sehr schnell für sich einnehmen und Sie werden wahrscheinlich gerne bereit sein, ihn weiterzuempfehlen oder bei Bedarf zu unterstützen.

Sie selbst werden ebenso zu einem guten Netzwerker, wenn Sie sich auf ein Netzwerk einlassen und langsam Vertrauen gewinnen, dass es funktioniert. Gehen Sie offen auf andere zu, suchen Sie nach ähnlichen Interessen und gemeinsamen Bekannten, hören Sie dem anderen zu und erzählen Sie selbstbewusst, was Sie zu bieten haben. Es hängt nicht allein von Ihrem Gesprächspartner ab, wie eine Begegnung verläuft, sondern ganz wesentlich davon, wie Sie auf ihn zugehen. Geben Sie jedem Gesprächspartner einen Vertrauensvorschuss, die meisten Menschen verdienen das.

Extrovertierten Menschen fällt es bestimmt ganz leicht, auf andere zuzugehen, werden Sie vielleicht denken, wenn Sie eher schüchtern sind. Aber gerade Networking-Plattformen wie XING, bei denen es primär um berufliche Themen geht, bieten auch Introvertierten die Chance, unkompliziert neue Menschen kennenzulernen. Sie müssen sich nicht gleich voll und ganz öffnen, können aber mitmachen. Bedenken Sie auch, dass Extrovertierte nicht automatisch die besseren Netzwerker sind. Introvertierte sind häufig die besseren Zuhörer und verfügen zumeist über mehr Einfühlungsvermögen. Falls Sie sich selbst als eher zurückhaltend erleben, machen Sie sich diese positiven Seiten Ihrer Persönlichkeit bewusst.

Im Gespräch

Gerd Kotoll stellt sich vor: Neben unterschiedlichen Verbandstätigkeiten, die ehrenamtlich sind, bin ich Partner bei MLP, dem größten unabhängigen Makler- und Beratungsunternehmen für Akademiker und gehobene Privatkunden. Weniger „to know how“, sondern vielmehr „to know whom“ wird in der Zukunft über Erfolg oder Misserfolg entscheiden. Als nahezu grenzenloser Optimist sehe ich mich deswegen als Networker. Aktuell 36 Jahre alt, Wassermann, zwei Kinder, nicht verheiratet.

Seit wann sind Sie Mitglied bei XING?
Seit Februar 2004 bin ich Premium-Mitglied bei XING, weil mich die Funktionsvielfalt, die laufend weiterwächst, überzeugt.

Wie groß ist Ihr aktuelles Netzwerk?
Aktuell habe ich um die 700 bestätigte Kontakte in der Statistik, was etwa einem Fünftel der Kontakte außerhalb von XING entspricht.

Was bedeutet Networking für Sie?
Sehr, sehr viel. Denn Geschäfte/Beziehungen entstehen zwischen Menschen, und aktives Networking ebnet den Weg dazu.

Wie haben Sie Ihr Netzwerk aufgebaut?
Zunächst habe ich alle möglichen Bekannten gesucht und gefunden. Anschließend wollte ich Oberfläche gewinnen und habe mich in sehr vielen Foren und Gruppen eingebracht. Dabei habe ich aber auch viel Lehrgeld gezahlt, denn vieles blieb tatsächlich an der Oberfläche. Heute schaue ich genau, was gesucht wird und was ich bieten kann, weil Kontakte aus Nutzen entstehen.

Wie pflegen Sie Ihr Netzwerk?
Meine Kontaktpflege setzt sich aus vielen Mosaiksteinen zusammen, zum Beispiel:

- Zum Geburtstag gratulieren
- Regelmäßig zu eigenen Veranstaltungen einladen
- Bei wem ändert sich etwas? Das ist allemal ein Grund, um Hilfe anzubieten, Empfehlungen auszusprechen oder zu gratulieren.
- Was wird gesucht?
- Wo kann ich wie helfen?

Welchen Nutzen ziehen Sie aus Ihrem Netzwerk?
XING ist besser als jede Visitenkartensammlung, weil die Kontaktdaten immer aktuell sind – und meistens sogar mit Bild ausgestattet. Außerdem liegt die Kontaktschwelle bei XING auf einem enorm niedrigen Niveau. Dadurch ergeben sich Geschäfte nicht von selbst, aber sie rollen leichter an.

Welche Werkzeuge nutzen Sie für Ihr Networking?
Die Terminfunktion – leicht, schnell, einfach. Und die Suchfunktion – toll, was und wen man alles finden kann.

Wie nutzen Sie XING für Ihre Arbeit?
Auf XING finde ich bestehende Kunden und auch Menschen, die erst noch zu Kunden werden. Sei es, weil sie zu Veranstaltungen kommen, zu denen wir über XING einladen, weil ich zu einer Suchangabe im Profil konkret nutzbare Hilfe anbieten kann oder einfach nur aufgrund gleicher Interessen. Am Ende ist es aber wie im richtigen Leben: Ich muss (und will) mit den Menschen sprechen. Gerne auch, um diese miteinander zu vernetzen.

Haben Sie einen Tipp zur Nutzung von XING?
Hier gilt ebenfalls das Gleiche wie im richtigen Leben: Ehrlichkeit zählt. Schreiben Sie ins Profil, was Sie können, was Sie machen und wer Sie sind – und was Sie nicht wollen.

Welche ist Ihre Lieblingsfunktion bei XING?
Weil ich neugierig bin: Wer war auf meinem Profil? Außerdem: meine Suchagenten.

Aktivieren Sie Ihr bestehendes Netzwerk

Wenn Sie Ihr persönliches Netzwerk ausbauen wollen, müssen Sie nicht gleich zum Partylöwen werden und wildfremde Menschen ansprechen. Sie haben schon ein Netzwerk aus ehemaligen Schulfreunden, Studien- und Arbeitskollegen, dem Familien- und Bekanntenkreis, früheren Nachbarn und Mitgliedern in Vereinen und Verbänden. Beginnen Sie mit dem vorhandenen Netzwerk. Aktivieren Sie „eingeschlafene" und intensivieren Sie bestehende Kontakte. Hierbei hilft Ihnen XING auf vielerlei Weise. Sie können – wie beschrieben – Ihr elektronisches Adressbuch mit der XING-Mitgliederdatenbank abgleichen. Innerhalb weniger Minuten lässt sich so feststellen, wer von Ihren Kontakten bereits bei XING ist und wer noch nicht.

Denjenigen, die sich bereits registriert haben, schicken Sie am besten gleich eine Kontaktanfrage. Anhand des Profils können Sie sich vorab informieren, was aus dem alten Bekannten geworden ist, und darauf Bezug nehmen. Die Personen, die Sie nicht bei XING finden, können Sie automatisiert in das Netzwerk einladen. Es empfiehlt sich jedoch zunächst ein kurzer Anruf, eine E-Mail oder eine Postkarte, um den Kontakt wiederaufzufrischen, bevor Sie die Einladung verschicken.

!

Tipp

Erstellen Sie ein Mindmap von Ihrem Netzwerk

Wenn Sie in Ihrem elektronischen Adressbuch nur aktuelle Kontakte verwalten, dann erstellen Sie am besten eine Mindmap – mit oder ohne Hilfe eines entsprechenden Programms (Downloads unter www.jeder-ist-unternehmer.de/mindmapping). Visualisieren Sie Ihr Netzwerk, indem Sie ausgehend von Ihrer Person Linien für verschiedene Lebensbereiche und Abschnitte zeichnen. Vorstellbar wären „Äste" für Kollegen, Geschäftsfreunde, Ex-Kollegen, Studienfreunde, Mitschüler, Vereine, Netzwerke, Nachbarn. Zeichnen Sie auch Zweige ein und benennen Sie die wichtigsten Bezugspersonen, die Ihnen zum jeweiligen Lebensbereich einfallen. Wenn Sie erst einmal einige Namen aufgeschrieben haben, werden Ihnen nach und nach viele weitere einfallen. Suchen Sie dann bei XING nach diesen alten Bekannten, Sie werden überrascht sein, wie viele Sie finden. Ansonsten können Sie auch einen Suchagenten einrichten (siehe Seite 80), der Sie ganz gezielt informiert, wenn die „vermisste" Person Mitglied bei XING wird.

Wenn Sie einen „alten" Kontakt wiederbeleben, können Sie sogenannte „Quick Wins" erzielen, schnelle Erfolge, die Sie für das weitere Networking motivieren werden. Denn sehr wahrscheinlich kennen Sie solche Gesprächspartner schon lange und teilen gemeinsame Erfahrungen mit ihnen. Sie haben es nur versäumt, den Kontakt zu pflegen. Damit es aber nicht bei der Kontaktbestätigung bei XING bleibt, sollten Sie gleich handeln und im nächsten Schritt ein persönliches Treffen oder ein längeres Telefonat vereinbaren, bei dem Sie sich ausführlich unterhalten können. Wenn Ihnen eine Beziehung wichtig ist, sollten Sie den Kontakt dann regelmäßig, mindestens einmal pro Jahr, erneuern. XING bietet dazu vielerlei Ansatzpunkte.

Nehmen Sie sich ausreichend Zeit für Ihr Networking bei XING

Sie können ein Netzwerk nicht fertig kaufen oder seinen Aufbau delegieren. Zwar gibt es Mitglieder, die XING als Direktmarketing-Plattform verwenden und so viele Kontakte pflegen müssen, dass sie dabei die Hilfe einer weiteren Person in Anspruch nehmen. Das dürfte jedoch die Ausnahme sein, denn die gesamte Kommunikation ist bei XING mit dem eigenen Namen verknüpft, häufig vermischen sich zudem berufliche und private Themen. Sie selbst müssen also die Zeit investieren, die notwendig ist, um XING sinnvoll zu nutzen. Zudem macht diese Arbeit nur einen Teil der Networking-Aktivitäten aus, dem Kennenlernen bei XING soll ja im Idealfall ein telefonischer und persönlicher Kontakt folgen. Zudem werden über XING viele Veranstaltungen initiiert, auch das kostet Zeit.

Oft scheitert das Vorhaben, die vielfältigen Potenziale von XING zu entdecken, daran, dass man eine gewisse Zeit braucht, um sich mit den vielen Funktionen vertraut zu machen und sich ein Kontaktnetzwerk auf der Plattform zu schaffen. Viele Mitglieder fangen aus diesem Grund nie damit an, XING ernsthaft zu nutzen, oder geben relativ schnell wieder auf. Außerdem ist Networking zwar wichtig, aber nicht dringend. Daher wird es oft zugunsten weniger wichtiger, aber dafür dringlich erscheinender Dinge aufgeschoben. Doch Sie vergeben damit eine echte Chance, denn das Networking bei XING führt sehr viel schneller zu greifbaren Erfolgen, als wenn Sie den klassischen Weg über Kaltakquise, Mailings und Netzwerkveranstaltungen gehen. Dennoch kann es einige Monate dauern, bis sich erste

Erfolge einstellen, die zeigen, dass es sich gelohnt hat, Zeit zu investieren. Wie können Sie diese Durststrecke überwinden?

Als sinnvoll hat sich folgende Strategie erwiesen: Nehmen Sie sich zunächst ausreichend Zeit, um die Möglichkeiten von XING kennenzulernen, ein aussagekräftiges Profil einzurichten und sich mit vorhandenen Kontakten auf der Plattform zu vernetzen. Nachdem Sie sich – auch mithilfe dieses Buches – mit der Plattform vertraut gemacht und sich etabliert haben, sollten Sie die Nutzung von XING in Ihren ganz normalen Arbeitsablauf einbetten, so wie das Lesen und Beantworten Ihrer E-Mails. Finden Sie dafür einen passenden Rhythmus, ohne von einer Abfrage zur nächsten zu viel Zeit verstreichen zu lassen. Sonst kann es sein, dass Sie nicht nur vor einem Berg persönlicher Nachrichten und Kontaktanfragen stehen, sondern vielleicht wichtige geschäftliche Anfragen versäumen. Mithilfe der Tipps in diesem Buch können Sie Ihre Arbeitsabläufe bei XING sehr effektiv gestalten.

Wichtig: Planen Sie nicht nur Zeit für das Networking im Internet ein, sondern auch für die Pflege und Weiterentwicklung der Kontakte mittels Telefonaten und persönlichen Treffen. Machen Sie zum Beispiel aus dem Mittagessen ein- oder zweimal pro Woche einen Networking-Termin. Statt immer mit denselben Kollegen zu essen, verabreden Sie sich dann mit interessanten XING-Kontakten oder mit Kollegen aus anderen Abteilungen. Gehen Sie außerdem zweimal monatlich auf eine Networking- oder Vortragsveranstaltung, um Ihren Horizont zu erweitern und neue Menschen kennenzulernen. Wenn Ihr Networking mit der Zeit konkrete Erfolge zeitigt, werden Sie ganz automatisch bereit sein, mehr Zeit in die damit verbundenen Aktivitäten zu investieren – weil es sich lohnt.

Gehen Sie in Vorleistung

Networking besteht aus Geben und Nehmen. Mein Rat: Beginnen Sie mit dem Geben, gehen Sie in Vorleistung. Versuchen Sie für andere nützlich zu sein – ohne gleich eine Gegenleistung zu erwarten. Vertrauen Sie einfach darauf, dass Sie alles, was Sie geben, früher oder später von irgendjemandem im Netzwerk zurückerhalten werden. Beantworten Sie dazu zunächst die folgenden Fragen: Was habe ich anderen zu bieten? Wo liegen meine Stärken? Und wie kann ich XING nutzen, um anderen weiterzuhelfen?

Wahrscheinlich fällt Ihnen als Erstes Ihr berufliches Fachwissen ein. Sie können Ihren Rat über Ihr Profil anbieten oder in den Gruppen bei XING auf Fragen eingehen. Wenn dort zum Beispiel jemand eine Frage von allgemeinem Interesse stellt und Sie die passende Antwort geben, tun Sie nicht nur ihm, sondern auch vielen anderen Lesern des Forums einen Gefallen. Handelt es sich um einen komplizierten Einzelfall, können Sie sich mit einer persönlichen Nachricht an den Fragenden wenden, eine kurze Einschätzung geben und Ihre Hilfe anbieten – durchaus auch gegen ein Honorar, wenn es um berufliche Belange geht und Ihnen ein gewisser Aufwand entsteht.

Sie können auch auf andere Weise hilfreich sein: Vielleicht kennen Sie jemanden, der eine gestellte Frage kompetent beantworten kann, wenn Sie es nicht selbst können. Empfehlen Sie diese Person, indem Sie den Kontakt zwischen ihr und dem Ratsuchenden herstellen. Sie tun damit gleich zwei Menschen einen Gefallen: Der eine kann sein Problem lösen, der andere gewinnt möglicherweise einen neuen Kunden. Es gibt noch eine weitere Möglichkeit, andere Mitglieder bei XING zu unterstützen. Ein bestimmtes Thema interessiert Sie selbst, Sie geben den Begriff daher in eine Suchmaschine ein und stoßen auf eine hilfreiche Website. Oder Sie lesen zufällig in der Zeitung einen passenden Artikel. Indem Sie den Link oder die Quellenangabe weiterreichen, geben Sie eine Hilfestellung.

Beachten Sie zudem, dass in Netzwerken nicht nur fachlicher Rat willkommen ist, sondern beispielsweise auch der Hinweis auf eine interessante Stelle, auf die Sie im XING-Marketplace oder anderswo aufmerksam geworden sind, oder auf einen potenziellen Auftrag, von dem Sie gehört haben. Bei einigen der größten XING-Gruppen geht es um nichts anderes als um Aufträge, Projekttätigkeiten sowie Stellen. Wenn Sie das Geschehen in diesen Foren verfolgen, denken Sie nicht nur an sich selbst, sondern lesen Sie für andere aus Ihrem Netzwerk mit. Dabei zählt immer Ihre ganze Person. Schon wenn Sie aufmerksam zuhören, können Sie einem Mitmenschen eine Freude machen. Entsprechend könnten Sie bei XING einfühlend auf eine Nachricht reagieren oder sich in einer hitzigen Gruppendiskussion ausgleichend äußern.

Eine ganz einfache Gelegenheit, einen Kontakt zu pflegen und Interesse an einem Menschen zu zeigen, ergibt sich bei Anlässen wie Geburtstagen, Beförderungen oder einem Jobwechsel. Sie wissen ja bereits, wie XING dabei hilft, solche Networking-Gelegenheiten nicht mehr zu versäumen. Es ist übrigens nicht anstößig, geeignete Texte mit einem Tool wie *Phrase-Express* zu sammeln und sich von ihnen inspirieren zu lassen. Achten Sie jedoch darauf, dass Sie keine Massen-E-Mails verschicken, sondern ergänzen Sie einige persönliche Worte. Und: Wenden Sie sich nur an Menschen, die Sie ausreichend gut kennen, ansonsten könnte eine solche kleine Nachricht schnell als Anbiederei missverstanden werden.

Melden Sie sich aber nicht nur bei freudigen Anlässen, sondern auch dann, wenn es Ihrem Kontaktpartner nicht so gut geht und er auf Ihre Anteilnahme vielleicht besonderen Wert legt: bei Krankheit und Unfall, nach einer Trennung oder bei einem Todesfall. Wenn Sie in einer solchen Situation die richtigen Worte finden, ist das gut. Vor allem geht es jedoch darum, dass Sie präsent sind, nachfragen, wie es dem anderen geht, und Ihre Hilfe anbieten. Greifen Sie in solchen Situationen zum Telefonhörer und sprechen Sie persönlich mit Ihrem Bekannten.

Geizen Sie nicht mit Dank und Lob

Neben der Bereitschaft, in Vorleistung zu gehen, ist eines der wichtigsten Networking-Geheimnisse die Fähigkeit, sich richtig zu bedanken und andere zu loben. Überwinden Sie das Vorurteil, dass solche Dinge altmodisch sind. Wenn Sie zum Beispiel einen fachlichen Rat oder einen Tipp erhalten oder einen wertvollen Kontakt empfohlen bekommen, dann bedanken Sie sich ausdrücklich. Das können Sie mittels

- Anruf,
- persönlicher Nachricht,
- in der betreffenden Gruppe mit einem Hinweis auf die Person, die Ihnen geholfen hat oder
- direkt über das Gästebuch des Helfers tun.

In den letzten beiden Fällen wird aus Ihrem Dank ein Testimonial, eine persönliche Referenz, über die sich der Gelobte sicher besonders freuen wird.

Hier geht es um mehr als um ein Höflichkeitsritual: Positives Feedback ist einer der Schlüssel zum Aufbau von Netzwerk-Beziehungen. Sie werden erstaunt sein, wie bereitwillig andere Menschen helfen, wenn Sie zum Ausdruck bringen, wie viel Ihnen diese Unterstützung bedeutet. Sie brauchen gar nicht zu warten, bis jemand etwas für Sie getan hat. Wenn Sie zum Beispiel in einem XING-Forum beobachten, wie sich jemand für die Gruppe einsetzt, indem er Fragen beantwortet, die Diskussion moderiert, einen informationsreichen Newsletter erstellt oder Veranstaltungen organisiert, dann loben Sie ihn dafür. Vielleicht haben Sie auch auf die Website eines Kontakts geschaut und finden deren Relaunch besonders gelungen oder die Informationen sehr hilfreich – sprechen Sie dies aus!

Sehr häufig sind Dank und Lob nur Aufhänger, um anschließend um einen Gefallen zu bitten oder eine Frage zu stellen. Das ist legitim, doch Ihr positives Feedback zählt noch viel mehr, wenn Sie es ganz ohne Hintergedanken äußern. Loben Sie nicht allgemein für das Erreichen von Zielen, sondern werden Sie möglichst konkret. Fragen Sie sich, welche Herausforderung der andere gerade erfolgreich bewältigt hat. Ähnliches gilt für den Dank: Bedanken Sie sich nicht einfach dafür, dass jemand etwas Bestimmtes getan hat, sondern weisen Sie explizit auf die Schwierigkeiten hin, die der andere zu überwinden hatte. Beschreiben Sie dann konkret, wie der andere Ihnen damit weitergeholfen hat.

Besonders bedeutsam ist der Dank für Empfehlungen. Stellen Sie sich vor, Sie haben einen neuen Interessenten für Ihr Geschäft gewonnen oder Ihnen ist eine Stelle angeboten worden. Selbst wenn daraus kein Auftrag und keine Anstellung wird, sollten Sie Ihrem Fürsprecher danken und ihn über die Entwicklung in groben Zügen auf dem Laufenden halten. Vielleicht überlegen Sie sich sogar ein kleines Prämienprogramm, um sich für erfolgreiche Vermittlungen zu bedanken. Sie können zum Beispiel eine Liste von Geschenken zusammenstellen, die Sie bequem bei einem Internetshop bestellen. Dann lässt sich der Versand ganz leicht von Ihrem Schreibtisch aus veranlassen.

Bitten Sie andere um Rat und Unterstützung

Kein Mensch kann Ihre Gedanken lesen, Sie müssen andere informieren, wenn Sie Rat oder Unterstützung benötigen. Die Bitte um Hilfe fällt sehr viel leichter, wenn Sie zuvor bereits in Vorleistung gegangen sind und anderen einen Gefallen getan haben. Das gibt Ihnen sozusagen das Recht, auch selbst Zeit und Aufmerksamkeit anderer in Anspruch zu nehmen. Zudem sollten Sie sich vergegenwärtigen, dass es meist auch den anderen Freude macht, einen Rat geben oder helfen zu dürfen. Sie lernen Sie dadurch besser kennen, fühlen sich gut und erfahren Dankbarkeit. Sicher kennen Sie das aus eigener Erfahrung. Die meisten Menschen – zumal in einem gut etablierten Netzwerk wie XING – helfen gerne. Sie müssen ihnen nur die Gelegenheit dazu geben! Wenn Sie ein konkretes Problem haben, überlegen Sie sich, wer von Ihren direkten Kontakten Ihnen helfen könnte, oder suchen Sie gezielt nach einer außenstehenden Person, bevorzugt unter den Kontakten Ihrer Kontakte. Sie können Ihre Bitte auch in einer Gruppe veröffentlichen, in die das Thema passt.

Im Grunde dürfen Sie jede Frage stellen und um jede Art von Unterstützung bitten, aber formulieren Sie Ihre Frage immer so, dass der Angesprochene nein sagen kann, wenn er Ihnen nicht helfen kann oder will. Vielleicht fehlt demjenigen das nötige Spezialwissen, vielleicht hat er aber auch gerade keine Zeit. Insistieren Sie dann nicht, sondern fragen Sie lieber nach, ob Sie sich zu einem späteren Zeitpunkt noch einmal melden dürfen oder ob er jemanden kennt, der Ihnen weiterhelfen kann. Überhaupt ist die Bitte um eine Empfehlung der geeignete Weg, wenn Ihre Frage sich auf Ihre spezielle, ganz persönliche Situation bezieht und nicht von allgemeinem Interesse ist.

Überlegen Sie sich bei solchen Anfragen immer, wodurch der andere profitiert. Wer ein XING-Profil ausfüllt, wird nicht automatisch zu einem kostenlosen Auskunftsbüro. Auch wenn eine Person in ihrem XING-Profil bekundet, Kooperationen offen gegenüberzustehen, möchte sie natürlich nicht nur wissen, welche Vorteile Sie sich erhoffen, sondern auch, wie sich ihr zeitliches und finanzielles Engagement auszahlen könnte.

Lernen Sie, nein zu sagen

Genauso, wie Sie ein Nein von anderen auf Ihre Bitte um Unterstützung akzeptieren, haben auch Sie das Recht nein zu sagen. Das gilt selbst dann, wenn ein anderer Ihnen zuvor einen oder mehrere Gefallen getan hat. Natürlich werden Sie sich in einem solchen Fall besondere Mühe geben, den richtigen Ansprechpartner zu finden oder weiterführende Hinweise zu geben, wenn Sie selbst nicht helfen können. Lassen Sie sich aber nicht nötigen, etwas gegen Ihren Willen zu tun, nur weil Sie sich verpflichtet fühlen. Denn das würde sehr schnell Ihre Freude am Networking untergraben.

Leider gibt es immer wieder Netzwerker, die viel nehmen und wenig geben, also andere regelrecht aussaugen. Nehmen Sie sich vor solchen „Vampiren" in Acht. Vertrauen Sie auf Ihre Menschenkenntnis oder erkundigen Sie sich bei gemeinsamen Bekannten, wenn Sie unsicher sind, wie Sie sich einer bestimmten Person gegenüber verhalten sollen. Sie können sich darauf verlassen, dass Sie durch Ihr Networking auf XING noch viele andere interessante Menschen kennenlernen werden, und sind nicht auf die Zusammenarbeit mit dieser Person angewiesen. Mit „in Vorleistung gehen" ist schließlich nicht gemeint, dass Sie sich ausbeuten lassen und Leistungen kostenlos erbringen, mit denen Sie eigentlich Ihr Geld verdienen sollten.

Ziehen Sie für sich selbst eine klare Grenze: Was tun Sie aus Gefälligkeit und für den Beziehungsaufbau? Welchen Aufwand wollen Sie hingegen in Rechnung stellen? Markieren Sie diese Grenze nach außen, indem Sie zum Beispiel bei einem Networking-Event – nachdem Sie einige fachliche Fragen beantwortet haben – dem Anfragenden Ihre Visitenkarte überreichen und ihm anbieten, einen Beratungstermin zu vereinbaren. Anschließend lenken Sie die Unterhaltung wieder auf andere Themen. Wenn Sie bei XING eine Frage beantwortet haben, könnte der nächste Schritt darin bestehen, dass Sie um die Freigabe der Kontaktdaten des anderen bitten und einen telefonischen Beratungstermin anbieten.

Eine Grenze müssen Sie unter Umständen auch dann ziehen, wenn Sie zu viel Zeit auf XING verbringen. Gerade die Teilnahme an Gruppendiskussionen besitzt ein gewisses Suchtpotenzial. Fragen Sie sich bei jedem Beitrag, den Sie schreiben wollen, ob Sie damit etwas für sich oder für das Netzwerk erreichen. Bedenken Sie: Wenn Sie fortlaufend Nachrichten verfassen und einstellen, ziehen andere daraus vielleicht Rückschlüsse auf Ihre Auslastung als Selbständiger oder auf Ihr berufliches Engagement als Angestellter.

Machen Sie aus Ihren XING-Kontakten persönliche Beziehungen

Networking im Internet ist kein Selbstzweck. Es vereinfacht das Knüpfen neuer Kontakte, aber früher oder später wollen Sie einige Mitglieder persönlich kennenlernen oder doch zumindest einmal länger mit ihnen telefonieren. Bei XING ist das ganz einfach: Sie können im Profil erkennen, wie der andere aussieht und welche Interessen er hat. Mittels persönlicher Nachrichten haben Sie sich ausgetauscht und bereits etwas näher kennengelernt oder festgestellt, dass es besser wäre, die diskutierten Fragen doch telefonisch zu besprechen. Jetzt müssen Sie sich nur noch gegenseitig die Kontaktdaten freigeben und können direkt miteinander reden. Wenn Sie ein gutes Gespräch führen, kann sich daraus unmittelbar ein Termin für ein persönliches Treffen ergeben. Oder Sie vereinbaren, dass Sie zunächst per E-Mail, Post oder Fax Informationen austauschen.

Vielleicht erscheint dieser Pfad von den ersten persönlichen Nachrichten über ein Telefonat bis hin zum persönlichen Treffen etwas umständlich. Trotzdem sollten Sie sich daran orientieren, denn diese Vorgehensweise hat drei wichtige Vorteile.

- Angemessenheit: Sie wollen sicher nicht mit der Tür ins Haus fallen, sondern einander schrittweise besser kennenlernen. Der jeweils nächste Schritt ergibt sich logisch aus dem vorausgegangenen, ohne dass ein Zwang dabei entsteht.
- Effektivität: Ziel kann es nicht sein, jeden einzelnen XING-Kontakt persönlich zu treffen. Wenn sich Ihre Frage zeitsparend mit einem kurzen E-Mail-Wechsel lösen lässt, umso besser. Bedenken Sie dabei, dass Formulierungen wie „Darf ich Ihnen eine Nachricht mit einer Frage schicken?“ oder auch „Darf ich Sie wegen einer Frage anrufen?“ für jemanden, der wenig Zeit hat, außerordentlich ärgerlich sind. Skizzieren Sie zumindest, worum es Ihnen geht, damit der andere schon vorab beurteilen kann, ob er Ihnen helfen kann und möchte und auch welches Kommunikationsmedium sich dafür am besten eignet.
- Risikobeschränkung: Vielleicht stellen Sie schon beim E-Mail-Austausch oder Telefonat fest, dass Sie den Kontakt zu diesem Zeitpunkt nicht vertiefen wollen. Seien Sie deswegen nicht enttäuscht, sondern freuen Sie sich darüber, dass Sie sich und dem anderen ein überflüssiges Treffen ersparen.

Häufig ist es aber gerade andersherum: Sie lernen über XING interessante Menschen kennen, verstehen sich bestens, spielen sich die Bälle zu und haben noch nie miteinander telefoniert. Dann ist es höchste Zeit, die Beziehung zu vertiefen. Ergreifen Sie die Initiative und rufen Sie den anderen direkt an: „Ich wollte mal Ihre Stimme hören.“ Nachdem Sie schon mehrfach Nachrichten ausgetauscht und immer wieder in Gruppen aufeinandergetroffen sind, haben Sie sicherlich einigen Gesprächsstoff. Wenn Sie erst einmal miteinander telefoniert, sich dabei wohlgefühlt und die Telefonnummer des anderen abgespeichert haben, ist die Hemmschwelle niedriger, auch bei anderer Gelegenheit kurz anzurufen, statt lange Nachrichten hin und her zu schicken. Außerdem kommt man am Telefon oft auf andere Themen und Berührungspunkte zu sprechen.

Das gilt erst recht für persönliche Treffen. In entspannter Atmosphäre bei einem gemeinsamen Mittagessen oder abends bei einem Bier schweift man eher einmal ab, unterhält sich über berufliche Pläne oder Privates – und oft ergeben sich gerade daraus ganz neue Ansätze für eine Zusammenarbeit. Wenn man sich direkt gegenübersitzt, lässt sich auch viel besser beurteilen, ob ein eigener Vorschlag auf Enthusiasmus stößt oder die Reaktion eher eine höflich verpackte Ablehnung ist.

Vor allem bei etablierten Kontakten, mit denen Sie häufig per XING zu tun haben, sollten Sie immer ein persönliches Treffen anstreben. Wenn sich das nicht gleich beim ersten Telefonat ergibt, dann ergibt sich vielleicht bei einem Gruppen-Event oder einer offiziellen XING-Veranstaltung eine Gelegenheit. Wie beschrieben, können Sie Ihre Bekannten mit Tags als A- oder B-Kontakte klassifizieren und zudem einer Stadt oder Region zuordnen. Wenn Sie einen Event besuchen, dann schreiben Sie vorab die entsprechenden Kontakte an und informieren Sie sie über die Möglichkeit, sich zu treffen. Ihre A-Kontakte werden Sie aber wahrscheinlich lieber zu einem Vier-Augen-Gespräch treffen. Nutzen Sie dazu ohnehin geplante Geschäftsreisen, indem Sie rund um den eigentlichen Termin noch weitere Treffen vereinbaren. Sie werden voller Inspiration und vielleicht sogar mit einem Auftrag in der Tasche nach Hause kommen.

Im Gespräch

Talk&Write! **Katrin Jaekel** stellt sich vor: Ich bin Ihre Spezialistin für Sprache in Wort und Schrift. Professionell, mit langjähriger Berufserfahrung und jeder Menge guter Referenzen. Als erfahrene Texterin und ausgebildete Redakteurin (Schwerpunkt Show- und Unterhaltungsthemen, Interviews, Porträts) bekommen Sie mich genauso wie als langjährige Werbesprecherin (TV, Funk, Doku, Synchron, Kinderstimmen, Hörbuch …) und Moderatorin in Funk und TV. Spezialistin oder Allrounderin, ganz wie Sie wollen!

Seit wann sind Sie Mitglied bei XING?
Ich bin seit Sommer 2005 Premium-Mitglied.

Wie groß ist Ihr aktuelles Netzwerk?
Es gibt Tage im Leben jedes Menschen, an denen man denkt: „Kein Schwein ruft mich an!“ Mittlerweile habe ich so viele unterschiedliche

Kontakte, dass jeder (schöne) Tag eigentlich 48 Stunden haben müsste, um sie alle angemessen zu pflegen und auszubauen.
Bei XING habe ich inzwischen deutlich über 100 Kontakte bestätigt, im realen Leben kann ich das gar nicht beziffern. Auf jeden Fall eine ganze Menge, zum Glück qualitativ und quantitativ! Dafür bin ich sehr dankbar, denn früher war ich einmal sehr schüchtern.

Was bedeutet Networking für Sie?
Zur richtigen Zeit am richtigen Ort die richtigen Menschen kennenzulernen. Egal, ob es um private oder berufliche Wunscherfüllung geht. So kam ich beispielsweise bei einem XING-Treffen im Oktober mit einem sehr versierten Marketingfachmann ins Gespräch, der Gefallen an meiner geplanten Hörbuchreihe fand. Er hilft mir nun dabei, dieses Projekt zu veröffentlichen und zu etablieren.
Im besten Fall ist Networking demnach für mich die Verbindung sich ergänzender Fähigkeiten zum gegenseitigen Nutzen und zur großen Freude aller Beteiligten! Denn manchmal kann man ja Projekte nur oder viel besser im Team umsetzen.
Gelungenes Networking kann auch Überraschungen hervorbringen. Man weiß nie, aus welcher Ecke die nächste Empfehlung kommt. Sich wechselseitig mit passenden Kontakten zu versorgen ist jedes Mal ein kleines Geschenk. Und das kann mitunter zu einer ganz großen Sache werden.
Ich bin ein kontaktfreudiger, offener Mensch und liebe persönliche Begegnungen, andere Ansichten und Lebensweisen. Wenn sich dabei eine berufliche Parallele oder Ergänzung ergibt, umso besser! Für den Erfolg einer beruflichen Zusammenarbeit ist mir nicht nur die Qualifikation der Partner wichtig, sondern auch die gegenseitige Sympathie.
Ich brauche Atmosphäre und Harmonie um mich, nur so kann die Kreativität fließen. Im Sommer 2007 habe ich mit Networking begonnen und das erste XING-Live-Treffen besucht. Mittlerweile habe ich eine ganze Menge interessanter Menschen kennengelernt und freue mich immer schon auf neue tolle Locations und Aktionen.

Wie haben Sie bei XING angefangen?
Ich habe mein Profil wie ein Kreuzworträtsel nach und nach mit Inhalten gefüllt. Aber ich bin immer noch nicht ganz fertig damit – als Nächs-

tes werde ich mal schauen, wer sucht, was ich biete. Mit der Stichwortsuche unter allen Kontakten. Davon verspreche ich mir viel.

Wie erweitern Sie Ihr Netzwerk?
Ich beantworte zum Beispiel Ihre Interviewfragen in der Hoffnung, dass viele Menschen Interesse an mir finden und Kontakt mit mir aufnehmen ... Vielleicht können wir uns ja irgendwie gegenseitig weiterhelfen?

Welche Werkzeuge nutzen Sie für Ihr Networking?
Am liebsten meine Stimme! Für Worte, die hoffentlich gut ankommen. Im besten Sinne Talk&Write.

Wie nutzen Sie XING für Ihre Arbeit?
Ich muss zugeben, dass ich das große Potenzial, das in XING steckt, lange Zeit verschenkt habe. Ich konnte den inneren Schweinehund nicht überwinden, einfach mal loszulegen. Zu viele Fragen standen im Raum. Doch seit einigen Wochen habe ich richtig Biss bekommen, mich bei XING zu engagieren, und bin so gut wie täglich online. Es ist unglaublich spannend, welche Möglichkeiten sich anbahnen. Wie ein Adventskalender fürs ganze Jahr: Jeden Tag öffnet sich ein neues Türchen!

Haben Sie eine Lieblingsfunktion bei XING?
Ganz spontan antworte ich: die Funktion „Besucher meines Profils“. Und hier besonders die Besucher meiner Website. Das lässt doch eindeutig auf Interesse schließen: Diese Menschen sind mir spontan sympathisch :-). Also: was kann ich für Sie tun?

11. Von openBC zu XING: Wie die Idee entstand und was noch geplant ist

Als aktives Mitglied des XING-Netzwerks wollen Sie sicherlich auch ein wenig über den Hintergrund der Erfolgsgeschichte erfahren. In die folgenden Ausführungen haben wir unsere persönlichen Erfahrungen mit XING sowie zahlreiche Vorträge und Gespräche mit Lars Hinrichs, dem Gründer und Vorstandsvorsitzenden der XING AG, einfließen lassen.

Die Geburtsstunde von XING

2003 wurde XING unter dem Namen „openBC“ – Abkürzung für Open Business Club – gegründet. Die Umbenennung in XING fand im September 2006, einige Wochen vor dem Börsengang des Unternehmens Ende 2006 statt. Geburtsort des Unternehmens war das Esszimmer von Lars Hinrichs, dort trafen sich die ersten Mitwirkenden an diesem Projekt. Von Anfang an waren auch die Gründer der Firma epublica mit an Bord: Die vier Informatiker hatten bereits 1996 während ihres Informatikstudiums die Plattform wer-weiss-was.de aufgebaut, eine Community zum Wissensaustausch mit derzeit über 300.000 aktiven Mitgliedern und rund 20 Millionen Seitenabrufen pro Monat. Aus diesen Anfängen gründeten sie 2001 die Firma epublica, deren wichtigster Kunde heute XING ist.

Hinrichs berichtet, dass er ihnen damals einen Deal abgerungen hat: Er zahlt ihnen die Hälfte des sonst üblichen Honorars, und sie erhalten im Gegenzug eine Beteiligung am Unternehmen. So war es möglich, dass Hinrichs seine Vision zunächst mit geringen monatlichen Ausgaben realisieren konnte. Eine Woche, nachdem er zum ersten Mal mit anderen über die Idee gesprochen hatte, wurde beim Notar die Open Business Club GmbH gegründet.

Hinrichs diskutierte seine Geschäftsidee mit verschiedenen Bekannten, darunter viele wichtige Player der Internetszene, die er während seiner vorherigen beruflichen Stationen kennengelernt hatte. Eine Hälfte seiner Gesprächspartner fand seine Idee genial, die andere erklärte ihn für verrückt. Hinrichs dazu: „Wenn man immer nur auf Berater oder nur auf Kunden hört, wird man nicht erfolgreich sein. Henry Ford hat einmal gesagt: ‚Wenn ich die Menschen gefragt hätte, was sie wollen, hätten sie gesagt: schnellere Pferde.‘“

Acht Wochen dauerte die Entwicklung der ersten Version von openBC, die über einen Mindestbestand an Features verfügte – viele weitere Funktionen hatte Hinrichs zu diesem Zeitpunkt bereits im Kopf. „Aber man kann immer nur eine Idee nach der anderen realisieren.“

Warum openBC so ansteckend wirkte

Den Begriff „Networking-Plattform“ gab es damals noch nicht. Zudem war die Internetbranche nach den Jahren des Hypes am Tiefpunkt, es war also gar nicht einfach, in dieser Situation überhaupt Aufmerksamkeit zu gewinnen. Wie also machte Hinrichs openBC bekannt? Er nutzte die Prinzipien des Networkings. Hinrichs hatte viele Bekannte, die ihrerseits viele Kontakte hatten. Sie alle mailten rund 10.000 Leute an und vertrauten darauf, dass ihre Plattform die Empfänger so begeistert, dass sie sie weiterempfehlen – und dass deren Begeisterung wiederum ansteckend auf andere wirkt. Genau dies geschah, das virale Marketing funktionierte wie geplant …

Auch wenn es am ersten Tag „nur" 472 Mitglieder waren, die sich anmeldeten, Hinrichs freute sich riesig über jedes Einzelne. Ich, Andreas Lutz, erinnere mich noch, dass ich unter den ersten Mitgliedern gewesen sein muss. Ich hatte openBC innerhalb weniger Tage gleich von mehreren Bekannten empfohlen bekommen und mich nach einem Blick auf diese Website direkt als zahlendes Mitglied angemeldet. Bei der Kreditkartenabwicklung gab es ein technisches Problem – man hatte diese Zahlungsart gerade erst eingeführt. Hinrichs antwortete innerhalb weniger Minuten, und auch das technische Problem konnte innerhalb kürzester Zeit gelöst werden.

Mein Freundeskreis trat mehr oder minder geschlossen bei openBC ein. Schon damals beschäftigten uns ähnliche Fragen wie Sie vielleicht heute: Wie wählerisch sollen wir beim Bestätigen von Kontakten sein? Natürlich beäugten wir unsere Profile auch daraufhin, wer über die meisten bestätigten Kontakte verfügte. Für uns alle, die wir aus der Internetbranche kamen, stand bereits fest, dass Hinrichs mit openBC eine „Killer Application" gelungen war und er damit enormen Erfolg haben würde.

Besonders beeindruckte uns, dass schon die erste Version von openBC sehr durchdacht und benutzerfreundlich aufgebaut war – keine unnötigen Spielereien, reiner Nutzwert. Bei jeder Funktion war intuitiv verständlich, was man damit anfangen sollte. Was immer man mithilfe von openBC machen wollte, es war mit einem Minimum an Klicks möglich.

Ein weiterer großer Vorteil von openBC war die schon damals schnelle technische Entwicklung: Vorschläge und Ideen der Nutzer wurden blitzschnell aufgenommen und in die Software eingebaut. So mancher openBC-Veteran wird vielleicht lächeln und sich an die eine oder andere Funktion erinnern, auf deren Einführung er lange wartete – die Betreiber mussten hier zwischen ihren eigenen Zielen und den unterschiedlichsten Wünschen vieler Mitglieder abwägen. Gelegentlich ging die Vielzahl neuer Funktionen auch zulasten der intuitiven Bedienung, sodass größere Umstellungen in der Benutzerführung nötig wurden. Bemerkenswert war und ist aber die Geschwindigkeit, mit der all diese Änderungen stattfanden.

Zugleich gelang es den Entwicklern, mit dem enormen Mitgliederzuwachs Schritt zu halten und ihre Server entsprechend auszubauen, sodass es nie zu ernsthaften Engpässen oder Ausfällen kam.

Darauf ist XING heute besonders stolz: Von der Gründung an fand an jedem Freitag (mit wenigen Ausnahmen wie Weihnachten) ein mehr oder minder großer Relaunch der Software statt, also ein Update, mit dem neue Funktionen online gingen. Allein im Jahr 2007 wurden 50 Software-Releases mit 30 großen neuen Funktionalitäten und 4.800 kleineren Änderungen eingespielt. Mit jeder dieser kleinen und großen Änderungen hat XING den Nutzen der Plattform für seine Mitglieder erhöht, sodass sich der monatliche Mitgliederbeitrag in Höhe von 5,95 Euro noch ein bisschen mehr lohnte als zuvor.

Mit den durchdachten Funktionen gewann Hinrichs auf Anhieb die Herzen der Geschäftsleute, die er mit seiner Plattform ansprechen wollte. Er bot ihnen die Möglichkeit, ein aussagekräftiges Profil einzustellen und Kontakte zu visualisieren, hinzu kamen die mächtigen Suchfunktionen, das interne Mailsystem und kurz nach Gründung dann auch die Gruppen mit ihrem gut durchdachten, intuitiv verständlichen Aufbau. Ich, Andreas Lutz, kann mich an einen Wintertag erinnern, an dem ich mich mit einer Journalistin im Café traf, unter anderem, um ihr über openBC zu berichten. In einer Gesprächspause hörten wir, dass am Nachbartisch ein ganz ähnliches Gespräch im Gange war. Eine junge Frau erzählte einem Arbeitskollegen mit Begeisterung von der Plattform. Kein Wunder, dass sich openBC wie eine hochansteckende Krankheit ausbreitete … Und mit jedem neuen Mitglied vergrößert sich das Potenzial, denn nach dem Metcalfe'schen Gesetz wächst der Nutzen eines Netzwerks im Quadrat zur Teilnehmerzahl, also stark überproportional.

!

Tipp

So bestimmen Sie den Wert Ihres Netzwerks in Euro

Unter der Adresse www.mynetworkvalue.com finden Sie einen interaktiven Fragebogen, mit dem Sie innerhalb weniger Minuten den Wert Ihres bestehenden Netzwerks beziffern und mit anderen vergleichen können. Sie erhalten sogar einen Bericht mit einer Erläuterung der Ergebnisse und Quellenhinweisen.

Schon bald wurde eine Finanzierungsrunde für openBC nötig, bei der ein sechsstelliger Betrag eingeworben werden sollte. Nicht aus Liquiditätsgründen: Die Mitgliederbeiträge reichten bereits drei Monate nach dem Start aus, um die Kosten von Softwareentwicklung, Mitarbeitern usw. zu tragen. Hinrichs selbst hatte zunächst nicht mehr als 30.000 Euro – und natürlich zusätzlich eine Menge Arbeitszeit – investiert. Allerdings wurden die Mitgliederbeiträge oft für ein Jahr im Voraus bezahlt und stellten quasi einen Kredit an das Unternehmen dar. Deshalb musste Hinrichs die Eigenkapitalbasis stärken.

Zugleich wuchs das Unternehmen rasant. Aus dem Esszimmer ging es in ein 120 Quadratmeter großes Büro, schon bald stand eine Erweiterung auf 230, dann auf 500 und letztendlich auf 1.300 Quadratmeter an. Inzwischen hat XING über 100 Mitarbeiter und neben der Zentrale in Hamburg Filialen in Barcelona, Istanbul und Peking. Die eigentliche Website lastet hunderte von Servern in mehreren Rechenzentren aus, am Anfang genügte ein einzelner gemieteter Server.

Wer nutzt die Internet-Plattform zu welchem Zweck?

Das Durchschnittsalter der XING-Mitglieder beträgt 34 Jahre, gut 30 Prozent sind weiblich. Am Anfang waren es die Trendsetter der Internet-, Hightech- und Werbebranche, die openBC nutzten, aber in den folgenden Jahren eroberte XING das mittlere und das Top-Management und nach und nach auch viele konservativere Branchen. XING ist das Netzwerk der Berufstätigen, schließt also an Netzwerke wie studiVZ oder MySpace an, die sich eher an die Jüngeren richten, bei denen Studien- und Freizeitthemen sowie Dating im Vordergrund stehen.

Der Kernnutzen von XING kann klar benannt werden: das eigene Netzwerk erweitern, das vorhandene Netzwerk pflegen, Geschäfte machen, Jobs finden. Was aber unterscheidet XING von anderen Networking-Plattformen? Größter Wettbewerber ist LinkedIn.com, die mitgliederstärkste Business-Networking-Plattform in den USA und gemessen an der Zahl der Nutzer größer als XING. In Europa dagegen hat sich XING zum eindeutigen Marktführer entwickelt. Gemessen an der Aktivität der Nutzer in Form von Seitenaufrufen oder durchschnittlicher Verweildauer ist XING nach eigenen Angaben schon jetzt weltweiter Marktführer und liegt deutlich vor dem

Wie wird XING genutzt, und welchen Nutzen bringt es?

	Deutschland	Österreich	Schweiz
Durchschnittliche Anzahl bestätigter Kontakte	98	103	96
Nutzungshäufigkeit fast täglich oder mehrmals pro Woche	83 Prozent	80 Prozent	78 Prozent
Neue, interessante Geschäftskontakte geknüpft	71 Prozent	75 Prozent	68 Prozent
Stellenangebot erhalten	54 Prozent	44 Prozent	48 Prozent
Mindestens einmal über XING Umsätze durch Neugeschäft generiert	18 Prozent	18 Prozent	17 Prozent
Bislang nicht, aber erwarte es	38 Prozent	42 Prozent	33 Prozent
Selbst XING im Gespräch weiterempfohlen	94 Prozent	94 Prozent	92 Prozent
Einladungsmail versendet	75 Prozent	81 Prozent	79 Prozent

Quelle: Dritte internationale XING-Studie „Kommunikation & Networking im Internet“

größten Wettbewerber. Die XING-Mitglieder nutzen ihre Plattform sehr intensiv, sie machen sie wirklich zum Bestandteil des geschäftlichen Alltags. Die Verweildauer pro Besuch liegt bei XING im weltweiten Durchschnitt bei 27 Minuten, in Deutschland bei 44 Minuten. 90 Prozent der Premium-Mitglieder sind pro Monat mindestens einmal aktiv, viele davon sogar sehr viel häufiger. Und das ist wichtig, denn was nützt ein Profil, wenn ich die Person dahinter nicht zeitnah erreichen kann? Bei XING erhalten die Nutzer oft schon nach wenigen Minuten Antwort auf eine Frage, die sie einem anderen Mitglied gestellt haben.

Einer der vielen Gründe, warum es XING schafft, dass vielbeschäftigte Geschäftsleute die Plattform so aktiv nutzen, besteht in der Möglichkeit, ein Foto einzustellen. Das schafft fürs Networking einen enormen Mehrwert. Jede Nachricht und jeder Gruppenbeitrag ist mit dem Bild des Verfassers und einem Link zu seinem Profil verknüpft.

Sehr viel Zeit und Geld fließen zudem in die Datensicherheit, denn die Mitglieder geben bei XING vertrauliche Daten ein. Zum einen geht es um die Sicherheit vor dem Ausspähen dieser Daten, zum anderen wird durch eine Vielzahl von Maßnahmen verhindert, dass XING zum Versand von Spam missbraucht wird oder Profile mit anstößigem Inhalt weitergegeben werden. Dabei wird auch auf die Mitwirkung der Mitglieder gebaut. Zum Beispiel wird ein Profil deaktiviert, sobald eine bestimmte Anzahl von Mitgliedern, die sich untereinander nicht kennen, es als unecht gemeldet haben. Besonders wichtig ist Hinrichs auch der Schutz der Mitglieder vor unerwünschten Annäherungsversuchen. Dies ist einer der Gründe dafür, dass in XING nicht nach Geschlecht gesucht werden kann, die anfangs bestehende Suchoption wurde abgeschafft.

Von openBC zu XING

Der Namenswechsel von „openBC“ zu „XING“ war unter den deutschen Mitgliedern zunächst sehr umstritten. Viele hatten den alten Namen liebgewonnen. Hinrichs selbst aber war „mit openBC nie wirklich glücklich“, weil der alte Name in anderen Kulturen leicht missverstanden werden konnte – wie bereits beschrieben. Schon 2004, im Jahr nach der Gründung und zwei Jahre vor der Umbenennung, stand „XING“ als neuer Name für ihn fest. Dieser funktioniert global, weil er verständlich ist.

„In Amerika gibt es bereits zwei Millionen Werbeschilder für XING“, so Hinrichs, denn in den USA und in Kanada versteht man unter „Xing“ oder „Crossing“ eine Kreuzung. Doch vor dem Wechsel musste Hinrichs zunächst die Domains und die Namensrechte von verschiedenster Seite zusammenkaufen – teilweise waren dazu monatelange Verhandlungen nötig. Etwa 100.000 Euro, mehr als die Startversion von openBC gekostet hat, musste er für die Rechte an dem neuen Namen investieren, doch das hat sich gelohnt.

Wie verdient XING Geld?

Das Geschäftsmodell von XING berücksichtigte in den ersten vier Jahren praktisch ausschließlich die Mitgliedsbeiträge der Premium-Mitglieder. Anfang 2008 hatte die XING AG über 400.000 zahlende Mitglieder, und sie sorgten im vorausgegangenen Geschäftsjahr für 94 Prozent aller Einnahmen. Erst kurz zuvor hatte man begonnen, über den Vermarkter adconion Werbebanner zu vertreiben. Die Werbung wird standardmäßig nur den Basismitgliedern angezeigt, sodass auch sie einen Beitrag zur Refinanzierung von XING leisten. Obwohl erst kurz zuvor eingeführt, erzielte der Bereich Werbung bis Ende 2007 bereits 0,75 Millionen Euro.

Ein drittes Standbein ist der E-Commerce im Marketplace und im Bereich BestOffers. Auch diese Einnahmen werden sicherlich schnell ansteigen. Eine wichtige Rolle wird dabei der Stellenmarkt spielen. Nach einer Studie des Centre of Human Resources Information Systems (CHRIS) werden bereits 70 Prozent aller offenen Stellen in Europa über das Internet ausgeschrieben. Zugleich werden 70 Prozent aller Jobs über Empfehlungen vergeben. XING verbindet diese beiden Aspekte. Ein nicht zu unterschätzender Vorteil der Plattform: Im Gegensatz zu klassischen Stellenbörsen erreichen die Angebote bei XING auch diejenigen Mitglieder, die gerade nicht aktiv auf Stellensuche sind.

Tipp

Hier erfahren Sie mehr über das Unternehmen XING

Unter der Adresse http://corporate.xing.com/ finden Sie im Internet Informationen zum Unternehmen, Stellenangebote, einen Presse- und Investor-Relations-Bereich, Erfolgsgeschichten von Mitgliedern, die Ergebnisse mehrerer Nutzerbefragungen zu verschiedensten Aspekten des Networkings sowie die Geschäftsberichte des Unternehmens.

Einen Blick hinter die Kulissen der Networking-Plattform XING erlaubt der Firmenblog (http://blog.xing.com), in dem mehrmals wöchentlich Beiträge erscheinen – über neue Funktionen, neue Mitarbeiter, gewonnene Awards, wichtige Events, häufig illustriert mit mehreren Fotos. Hier wird der internationale Charakter von XING besonders deutlich, denn viele Nachrichten beziehen sich auf das Ausland. Deshalb sind die Beiträge zumeist in englischer Sprache verfasst.

XING will international wachsen – aus eigener Kraft, aber auch durch Zukäufe. Von den Erlösen des im Jahr 2006 erfolgten Börsengangs wurden gleich im Folgejahr die beiden größten spanischsprachigen Business-Networking-Plattformen eConozco und Neurona gekauft, was dem Unternehmen eine führende Stellung im spanischen und südamerikanischen Markt einbrachte. Stolz ist man darauf, wie schnell es gelungen ist, die spanischen Mitglieder samt all ihren Profilen, Beziehungsdaten, Nachrichten usw. zu integrieren.

Das macht Mut für weitere Übernahmen angesichts der sich abzeichnenden Konsolidierung im Bereich Business-Networking. Im Januar 2008 akquirierte XING das türkische cember.net, sodass neben Deutsch, Englisch und Spanisch vor allem Türkisch und Chinesisch die am häufigsten verwendeten Sprachen im Netzwerk sein dürften. Ein gutes Drittel der Mitglieder stammte Anfang 2008 aus Deutschland, ein weiteres Drittel aus Spanien und Südamerika. Das restliche Drittel verteilt sich auf die anderen europäischen Länder, Asien und Nordamerika. Durch das weitere Wachstum und durch Zukäufe werden sich diese Anteile sicherlich noch verschieben.

Die Zukunft von XING

Die Zukunft von heute ist die Vergangenheit von morgen. Ein Ratgeber über einen Dienst, der jede Woche weiterentwickelt wird und jeden Monat mehrere wichtige Funktionserweiterungen erlebt, wird niemals abgeschlossen sein. Deshalb berichten wir über E-Mail im Rahmen unseres Newsletters auf www.jeder-ist-unternehmer.de und im Internet mit XING-Tipps auf www.rumohr.de regelmäßig über die weitere Entwicklung und halten Sie auf dem Laufenden.

Ein wichtiger Begriff, der dabei sicherlich noch häufig fallen wird, ist „API“. Diese Abkürzung steht für „application programming interface“, auf Deutsch „Schnittstelle zur Anwendungsprogrammierung“. Im Fall von XING und anderen sozialen Plattformen geht es vereinfacht gesagt darum, dass externe Programmierer zusätzliche nützliche Funktionen für diese Plattformen entwickeln, die die Mitglieder dann einsetzen können – und zwar unabhängig davon, bei welchen dieser Dienste sie Mitglied sind. Im November 2007 schloss sich XING dem von *Google* entwickelten offenen Programmierstandard „OpenSocial“ an. Auf Basis dieses neuen „universellen Web-Betriebssystems“ wird voraussichtlich eine Vielzahl nützlicher Anwendungen und Funktionen für XING entwickelt werden.

Ein weiterer Punkt, über den im Zusammenhang mit sozialen Netzen immer wieder diskutiert wird: Reicht eigentlich die einfache Unterscheidung „ist Kontakt von/ist nicht Kontakt von“ aus oder ist eine genauere Differenzierung nötig? Sicher wird man die eigene Bewertung der Kontaktqualität nicht veröffentlichen und die Person dahinter damit verärgern wollen. Doch durch die Auswertung des Kommunikationsverhaltens, der gemeinsamen Kontakte, Gruppenmitgliedschaften und Interessen lässt sich bereits einiges über die „Nähe“ zwischen Personen aussagen. Wir alle dürfen gespannt sein, welche Funktionen XING hier und auf anderen Gebieten noch in Planung hat. Beim nächsten XING-Release werden wir schon wieder mehr wissen!

Stichwortverzeichnis